森が消えれば海も死ぬ　第2版

陸と海を結ぶ生態学

松永勝彦　著

ブルーバックス

●カバー装幀／芦澤泰偉・児崎雅淑
●カバー写真／©YUKIO TANAKA / SEBUN PHOTO/amanaimages
●目次・章扉デザイン／中山康子
●イラスト／いずもり・よう
●図版製作／さくら工芸社

はじめに

日本国民は動物性タンパク質の約四割を魚介類から摂取している。世界を見渡すと、魚をよく食べる国民の平均寿命は長いといわれていることや、人口増加も手伝って、魚介類の摂取量は年々多くなってきている。

魚介類の重要性は今後ますます高まると思われるが、海さえあれば魚介類は生育すると考えていないだろうか。陸と海とは別個のものだと考えていないだろうか。

昔から漁民たちは、魚介類を増やすためには湖岸、河畔、海岸の森林を守ることが大切なことをよく知っていた。それによって木陰が形成され、水温の急激な上昇を防ぐとともに、餌となる昆虫の落下を促すなど、物理的な好循環が生まれる。こうした森は「魚《うお》つき林《りん》」といわれていた。江戸時代には、魚つき林は「木一本首ひとつ」とまでいわれて厳しく管理されていたところもあったほど重要視されていたが、現在ではそれを知っている人はほとんどいなく、死語に近くなっている。日本では、国や自治体が保安林として指定する魚つき林（魚つき保安林）はおよそ六万ヘクタール（二〇一五年）で、これは日本の全森林面積のわずか〇・二パーセントにすぎない。

現在、沿岸海域は多くの問題をかかえている。日本の沿岸域は、およそ一〇〇〇キロメートルにわたって海藻も育たない不毛の砂漠となってしまった。つまり、魚介類が生育できないことを意味している。その要因として、ウニが海藻の芽を食べるせいだという食害説がいわれつづけ、その対策に巨額の税金が半世紀ものあいだ投入されてきたが、いまだ何も解決されていない。

私は数十年にわたってこの原因解明の研究を続けた結果、森林伐採が進み、残された森林も適切な間伐がなされていないことにその要因があることを突き止め、対策も可能になった。

また、私は長年現場も見てきたが、今まで国は一次産業に巨額の税金を使いながら、それは一次産業に携わる人々のために使われたわけではなかったようだ。これでは一次産業従事者が減少するのも当然である。これからは、漁業、農業、林業で生活ができるような政策を実行しないと、遠からずやってくるだろう食糧不足の時代を生き抜くことはできない。

弱肉強食の社会は人間失格の社会である。人間として生まれた感謝の気持ちがあるのなら、弱者に温かい手を差しのべる社会を築くべきではなかろうか。そのため、税金の使い途をコンクリートから人に変えることは当然の流れである。

昨今、養殖魚の価格が下落しており、養殖漁師の生活も困難になりつつあるが、高価な餌を用いる養殖には限界がある。今後は沿岸を再生し、天然魚を増やす方向をめざすべきだ。そのためには、森林整備を重視しなければならない。さらに森林は、地球温暖化の主要原因物質である二酸化炭素を削減（固定）する重要な働きもしている。それには間伐が不可欠であるが、間伐により林業者も林業で生計が成り立つ仕組みができるはずだ。

私たちは今まで以上の便利さ、快適さを求めつづけるのか、子子孫孫まで生物が生存できる地球を残すためにライフスタイルを見直すべきなのか、その選択を今問われている。地球の未来を森林が決めているといっても過言ではない。

一九九三年の初版で、私は森林が果たしている大切な役割を明らかにした。今では、その考え方が全国に広がり、漁民が森を育てる「漁民の森」の活動の科学的な根拠となっている。長年の苦労が実り、化学者としての幸せを感じている。初版からすでに一五年以上の月日が経過したが、その後多くの研究成果が得られていることから改訂する意味があると判断した。

平成二二年一月

松永勝彦

もくじ

第3章 海の砂漠化

第4章 海と人間のかかわり

第5章 地球環境再生のカギを握る森林と海

第1章
魚を育てる森

1　生命の誕生と森林の生い立ち

海が育んだ最初の生命

地球は四六億年前に誕生したことはよく知られている。当時の大気は二酸化炭素、窒素ガス、塩化水素ガス、アンモニア、水蒸気などで構成されていた。地球が冷えるにつれ、水蒸気は雨滴となり、塩化水素ガスは雨水に溶け、地上に降りそそいだ。このため、原始海洋は酸性水であった。やがて酸は火成岩と反応し、金属（ナトリウム、カリウム、カルシウム、マグネシウム、アルミニウム、鉄など）が溶出した。二酸化炭素は酸性水には溶けないが、金属が溶けて中和された海水には溶け、その後、主に炭酸カルシウム（大理石）などの炭酸塩として海底に除かれた。

地球上で最初に誕生した生命は、バクテリアのようなものだったと考えられている。三八億年前のことである。このバクテリアは、硫化水素のような還元型物質をエネルギー源とし、二酸化炭素を炭素源として有機物を作り出していた。有機物とは炭素を含む化合物のことで、生物の体を作るもとになったり、活動するためのエネルギー源となったりする物質である。ただし、一酸化炭素、二酸化炭素、炭酸カルシウムのような炭酸塩は有機物には含まれず、またダイヤモンドは炭素の単一結晶体であるから有機物とはいわない。炭素を含有しない金属、ガラス、陶器などは無機物という。

三五億年前に単細胞の植物プランクトン（らん藻）が誕生した。人間は六〇兆個の細胞から成り立っているが、らん藻は一個の細胞で、しかも細胞核を持たない大きさ一〇マイクロメートル（〇・〇一ミリメートル）程度の原核生物である。これに対し、細胞核を有する生物は真核生物という。

光合成生物が誕生するまで、地球に酸素は存在しなかったので、鉄はイオン（Fe^{2+}）として海水中に存在していた。ところが光合成生物であるらん藻が誕生すると、生み出された酸素はイオンとして海水に溶けていた鉄（Fe^{2+}）の酸化に使われ、酸化されたFe^{3+}は鉄粒子になり海底に沈積した。

鉄が沈積した痕跡は、鉄鉱石として世界のいたるところで見られ、数百キロメートルにわたるオーストラリアのハマースレイ鉄鉱床はよく知られている。Fe^{2+}は、一五億年もかけて海水から海底に除去されたと考えられている。

光合成には太陽光を必要とする。海ではどの程度の深さまで光が届くかというと、外洋では一〇〇メートル、沿岸では数十メートル、汚濁していると数メートルである。光合成生物も呼吸により酸素を消費し、二酸化炭素を放出している。光合成で酸素を放出する量と、呼吸で酸素を消費する量がつりあった深度を補償深度という。これより深くなると光合成生物は増殖できない。一般に海面照度の一パーセントの光が届く深さを補償深度とみなしている。

生命は三八億年前に誕生したが、陸で生物が生存できるようになるまで、それから三〇億年以上もかかった。なぜなら、有害な紫外線を吸収するオゾン層が形成されていなかったからである。有害な紫外線は、水中では水深一〇メートルにたどりつくまでに水によって吸収されてしまうため、海水中の生物には影響しなかった。やがて、光合成生物である植物プランクトンが生み出した酸素（O_2）は海中から大気に放出され、酸素にもうひとつ酸素原子が結合したオゾン（O_3）が形成される。大部分の有害紫外線はオゾンで遮断されるため、陸での生物の生育が可能になったのだ。オゾン層の形成には、生命が誕生するのに必要な年月の四倍が必要だったわけで、その年月を考えるとオゾン層の存在は極めて重要である。

最初に上陸した樹木

最初に上陸した生物は、胞子で繁殖するシダ植物であった。胞子は水分を必要とするため、海辺でしか生育できなかった。その後、種子で繁殖する樹木に進化したため、乾燥地帯での生育が可能になり、地球は緑の惑星に変貌できたのだ。

胞子で繁殖するものを隠花植物というが、陸のコケ、海のワカメ、コンブなどの海藻はこれに属する。一方、花が咲き種子を形成するのを種子植物あるいは顕花植物という。陸の樹木、草花、海の海草であるアマモ、スガモがこれに属する。

種子植物はさらに裸子植物と被子植物に分けられる。裸子植物の種子は、胞子よりも乾燥に耐えられる。被子植物の種子はさらに乾燥、気温変化に耐えることができる。

二・五億年前に誕生した針葉樹は裸子植物である。広葉樹や草花は被子植物であり、それより一億年後に誕生した。針葉樹は常緑で針のような葉を有し、温帯から寒帯まで分布している。日本では、マツ、スギ、ヒノキなどが一般的である。広葉樹は幅広の偏平な葉を有し、大高木から小低木まで多くの種類があり、亜熱帯から熱帯にかけては常緑広葉樹が、温帯から亜寒帯には落葉広葉樹が生育している。

シダ植物が繁殖した四億～三億年前の二酸化炭素濃度は、現在よりも一〇倍以上も高い、数千ｐｐｍ（ｐｐｍは一万分の一パーセント）だったといわれている。したがって、気温も当然のことであるが、現在の平均気温よりも少なくとも一〇℃は高かったと推定される。酸素濃度も低く、人間が生きられる環境ではなかったようだ。

海辺に広がるマングローブ林

樹木は陸にしか生育しないと考えがちだが、海辺に生育する樹木もある。マングローブだ。マングローブとは、熱帯や亜熱帯の海水と河川水が混ざりあう汽水域に生育する常緑樹の群落をいう場合と、そこで生育する樹木を総称していう場合がある。世界でおよそ一〇〇種の樹木があるとされている。日本ではメヒルギ、オヒルギ、ヤエヤマヒルギ、ヒルギダマシ、ヒルギモドキ、マヤプシキ、ニッパヤシの七種とされている。

マングローブ地帯（写真1－1）の干潮時には、写真1－2のような気根が見られる。マングローブ地帯は泥土で、根から酸素を取り込むことが困難なため、気根を地上に出して酸素を取り込む機能を有している。なお、気根が葉緑素を有し、光合成によって作られた酸素を根に供給している種も存在する。

世界におけるマングローブ林の面積は一六万平方キロメートルで、日本の面積の半分にも満たないが、世界人口の約二五パーセントがその周辺で生活しており、マングローブと人間は昔から深いつながりがあった。マングローブは魚介類の生産の場であるとともに、家屋、家具、薬品の原材料として、さらに燃料としても使用された。木炭（炭）としては備長炭以上の良質の炭が得

写真1–1　タイのマングローブ林

写真1–2　マングローブの気根

られる種もあり、日本やヨーロッパに輸出されている。このようにマングローブの価値は極めて大きい。にもかかわらず、人口増や生活レベルの向上とともに燃料、家屋材として伐採され、さらに住宅地やリゾート地として、あるいはエビ養殖場や工場の建設のために乱開発されて減少の一途をたどり、世界では約半分のマングローブが消滅してしまった。

日本では、マングローブは沖縄や奄美大島に生育している。日本におけるマングローブの自生地北限は鹿児島県鹿児島市（旧喜入町）と言われている。江戸時代に移植したものと言われてはいるが、すでに定着して一〇〇年以上経過しているので、自生の北限と考えてよいだろう。日本のマングローブ林の面積は西表島が四四六ヘクタールと最も多く、次いで石垣島が八一ヘクタールと続き、全国でも合わせて六〇〇ヘクタール程度である。これらは自然公園や保護地に指定されているため、伐採などによる生育面積の減少は見られない。

マングローブには日本の干潟と同様、多種の生物が生育している。マングローブの樹木は小枝をタコの足のように海底に伸ばしており、魚の格好の住み処となっている。また、河畔林と同様太陽光を遮り、水温の上昇を防いでいる。干潮時にマングローブを見ると、日本の干潟同様、体長数センチメートルの小さなカニを多数見ることができる。落ち葉の多くはゴカイ、バクテリアにより分解され、植物プランクトン増殖のための栄養素を供給している。それを餌とする動物プランクトンや小魚が豊富になり、大型魚、エビ、マングローブガニが集まる食物連鎖が成り立っているのである。要するに、マングローブ林は魚つき林なのだ。

タイのマングローブガニは、日本円に換算すると一匹二〇〇〇円程度もするので高価である。このカニは雑食性のように思えるが、窒素の安定同位体（第4章第3節参照）の分析結果から判断すると肉食に分類される。カニは夜行性で夜に行動するため、採取するには昼間に写真1－3のようなカニ籠に魚の餌をつけてマングローブ内に設置する。昔は竹や籐を用いたようだが、時代とともに金網に変わってきている。

写真1-3　マングローブガニの捕獲用籠

海から陸に植物が生育環境を広げた際、まず水辺から徐々に上陸したと思われることから、マングローブはかなり早い時期から存在していたのかもしれない。

なお、半マングローブと呼ばれているハマナツメという樹木が本州に存在する。三重県のリアス式湾の浜辺から一〇メートルほど陸側に大きな海跡湖があるが、かつて入り江の入り口だったものが、土砂の堆積で堰き止められてできたのだ。ハマナツメはこの海跡湖に生育している。私が調査したときは、数週間前の台風により海水が湖に流れ込んだため、湖の塩分濃度は海水の三パーセントに相当するほどだった。この樹木にはトゲが無数にあり、熱帯のマングローブとは異なっているが、抗塩性、抗水性があるため、塩分があっても生育できるのである。日本では珍しいこの種の北限は三重県と考えられている。

2　海辺に生育する生き物

生物が豊富な干潟

海岸には砂場、岩場（岩礁）、泥質の干潟、亜熱帯や熱帯でのマングローブ林がある。砂場には、カレイ、ヒラメ、コウナゴ（イカナゴ）などが、岩場にはアワビ、ウニ、サザエなど海藻を食する貝類が生息し、生育環境はそれぞれ異なっている。アワビやサザエは夜行性のため、昼間は岩の割れ目や空洞などにひそんでいる。ウニも夜行性ではあるが、日中でも岩の表面で見ることができる。ウニは貝と呼ばれているが、貝（軟体動物）ではなく、棘皮《きょくひ》動物である。

陸地になったり海面に没したりしている泥質（砂泥質）が干潟である（写真1－4）。かつては、最大でも四〇センチメートル程度と潮位差の小さい日本海沿岸を除いて、全国どこにでも存

写真1-4　有明海の干潟
中央に見えるのは潟スキーと呼ばれる長さ2メートルほどの板に乗って漁をする人。

在していた。その干潟も多くは埋め立てによって、かつての面積の五〇パーセント程度にまで減少した。

干潟は、河川が運んできた土砂が堆積し形成される。河川の流域には人が住み、生活していることから、家庭排水、工場排水、農業排水なども海に流出することになる。これら汚水には窒素やリンなどの栄養素が、粒状有機物の形態あるいは無機の窒素、リンとして含有されている。

仮に干潟がなければ、これらの栄養分は海水に広がる。するとその海域が富栄養化することで植物プランクトンが大量に増え、いわゆる赤潮が発生する（赤潮の詳細については第4章参照）。しかしながら、干潟が存在すると、干潟に沈降した粒状有機物質はゴカイや貝など底生生物（ベントス）の餌となる。あるいはバクテリアに分解されれば無機の窒素やリンに変わり、海水中や海底土表面に着床した植物プランクトンはこれら無機態窒素やリンを取り込んで増殖する。そのプランクトンをカニなどのベントスが餌としている。魚はこれらベントスを食べて、干潮時には沖に移動する。沖で魚が排泄すると、干潟の窒素やリンを沖に運んでいることになる。この魚はさらに大型魚の餌になったり、人間が食料として食する。結局、河川水に含まれていた窒素やリンは、沖に広く拡散してしまうか、陸に水揚げされることになり、赤潮発生を防いでいる。

干潟は高い生産力を有しているため、高次生物の餌が豊富であり、渡り鳥の飛来地に、またその他の水鳥の生息場所になっている。カキやアサリも豊富に存在し、水を浄化している。カキは海水を一日に一個体当たり約二〇〇リットル、アサリは二〇リットル体内に取り込んでいる。

干潟は、何十億～何百億円をかけて建設される水処理場が排水から窒素やリンを除く高次処理に匹敵する機能を有しているのである。しかも太陽光のエネルギーだけを利用しており、地球に負担をかけない究極の処理場である。一〇〇〇ヘクタールの大きさの干潟であれば、一〇万人程度の汚水を処理することができるといわれている。にもかかわらず、東京湾奥、伊勢湾奥に位置する三番瀬、藤前干潟が埋め立ての危機に直面した。しかし、干潟の重要性を認識している市民によって埋め立てをまぬがれた。

一方、二〇〇九年一月に、サンゴ礁が生育している沖縄の泡瀬干潟の埋め立てが開始された。後述するように、サンゴ礁は魚介類の産卵、生育の場として極めて大切である。埋め立てにより一時的に利益を得る人もいるが、埋め立てが終われば魚介類もいなくなり、生活ができなくなるから、またサンゴ礁を殺す埋め立てをしなければならない。こんな無意味なことを続けていては、日本の沈没はそう遠くはないだろう。なお、政権交代がなされた二〇〇九年九月に泡瀬干潟埋め立ての一期工事を中断、二期工事は中止することが表明された。

東京都の研究所が行った調査によると、人工的に造成された干潟は、自然の干潟に比べ、生育する生物数が少なく、海水浄化能力は自然干潟の三〇パーセントほどしかないことがわかった。つまり、人工干潟は自然のものにはかなわないということである。

海の森——海中林

海藻の生育場所を見ると、種子植物で砂場に生育するアマモ（写真1－5）、岩盤に砂泥が堆積したところに生育するスガモ（写真1－6）を除けば、岩場にしか海藻は生育できない。北海道、東北の太平洋側の岩盤には、数メートルからなかには一〇メートル以上にまで成長するコンブが、暖流である黒潮に接する本州沿岸にはアラメ、カジメ、ホンダワラ（写真1－7）など多くの海藻が生育している。ワカメは沖縄を除く全国で生育している。なお、アマモやスガモは種子植物だから、海草と表現すべきである。他は胞子で成長するから海藻である。

先に述べた二枚貝（アサリ、ハマグリなど）はプランクトンを餌にしているのに対し、アワビ、ウニ、サザエは岩場で生育するワカメ、コンブ、カジメ、アラメ、ホンダワラなどの海藻を

写真1-5　アマモ

写真1-6　スガモ

写真1-7　ホンダワラ

餌として生きている。

コンブ、アラメ、カジメなどの海藻が密生した状態を海中林というが、歴史的に見ても、海中林は陸の森林の大先輩、つまり、ふるさとでもある。

陸の森林土壌ではバクテリア、ダニ、ミミズ、ワラジムシ、ネズミ、モグラまで極めて多種の生き物が存在しているのと同様に、海中林でも多種の生き物が生息し、生態系を維持している。ニシン、ハタハタなどは海中林で産卵し、孵化《ふか》した稚魚は海中林によって外敵や荒天から身を守る。海中林はアワビやウニへの餌の供給のみならず、生育の場、海水の浄化の場、プランクトンの栄養素を供給する場として極めて重要であり、陸の森林と同様の働きをしている。

3　岩、岩盤、サンゴ礁の異変

日本の沿岸で進行する磯焼け

半世紀前まで、日本の沿岸の岩や岩盤にはたいてい海藻が生育していた。海藻が生育していなければ、自然石のままか、フジツボなどが岩を覆っていた。しかしながら、半世紀前から海藻がまったく生育せず、まるで白いペンキを塗布したような世界が広がりはじめたのである。ちょうど、草木が一本も見られない陸の砂漠同様の世界なのだ。かつて北海道の日本海側で顕著だったが、今日では日本全国で見られるようになった。

この現象は「磯焼け」と呼ばれ、水温上昇や、土砂が海藻の葉に付着することなどにより、ワカメ、コンブ、アラメなどの海藻が枯死した状態をいう。通常の磯焼けでは、原因となる水温の上昇や土砂の流入がなくなれば、再び海藻は生育する。ところが、石灰藻という海藻が岩や岩盤を覆ってしまうと、ワカメ、コンブなどの海藻がまったく生育できない砂漠化した死の世界に変貌してしまう。これが白いペンキを塗布したような、と表現した状態で、この砂漠化は半永久的に続き、水産資源の減少につながるのである。

石灰藻の主成分は炭酸カルシウムで、そのため写真1－8のように白いペンキを塗布したように見える。海藻といってもワカメ、コンブのように葉のある海藻ではなく、学術的には紅藻綱サンゴモ目サンゴモ科エゾイシゴロモという海藻の一種で、世界中の沿岸で見られる。ちなみに石灰藻とサンゴはともに炭酸カルシウムを主成分とするが、前者は光合成生物であり後者は動物である。

石灰藻に覆われた岩や岩盤には、海藻のみならず、普通の沿岸で見られるカキ、カラス貝、フジツボなどもまったく着床していない。この白い石灰藻で覆われた岩は、水深数十センチメート

写真1-8　石灰藻に覆われ砂漠化した沿岸部の岩
表面に張り付いている黒い物体はウニ。

ルから沖に向かって広がっているので、陸からでも容易に見ることができる。

写真1－8に写っている黒い物体はウニである。半世紀前には、無数のコンブ、ウニ、アワビが共存していたのである。ただし、このウニは石灰藻の表面をかじって生命を維持しているだけで、私たちが食べる身の部分（卵巣か精巣）はほとんど発育していない。商品価値がないので獲られることもなく放置されている。石灰藻は極めて硬く、ナイフでも削ることは困難である。ウニは表面をかじることができるが、アワビはかじることは不可能で、ここには生息していない。

このような状態では漁業で生計を立てるのは困難で、年々漁師の数は減少している。二〇一四年で全国には一七万人の漁民がいるが、このうち六五歳以上がおよそ六万人である。一年間におよそ一万人の漁師が廃業しており、このままでは二〇年もすれば日本の漁師数は計算ではゼロになることになる。ストレスのたまる都会で生活を送るよりも、親の漁業を継ぎたいと考える若者も多いと思うが、跡を継ぎたくても生活が成り立たないのが現状である。このように水産資源、ひいては漁業に甚大な影響を及ぼす磯焼けの原因は陸（森林）にあるのだが、詳しくは第3章で述べる。

サンゴとサンゴ礁

サンゴは、イソギンチャクやクラゲと同じ腔腸《こうちょう》動物である。サンゴは直径一ミリメートル程度のサンゴ虫（ポリプ）一個一個が集まった群体である。炭酸カルシウムを主成分とする石灰質の骨格を形成している。一般にサンゴ礁と呼ばれる巨大な石灰岩の岩体を形成するのが六放サンゴ類（写真1－9）、紅色や桃色をした宝石サンゴを形成するのは八放サンゴ類である。

サンゴは、サンゴ上で生育している光合成生物である褐虫藻《かっちゅうそう》（鞭毛藻《べんもう》）から排泄されるグリセリンという有機物質が主な餌であり、夜間に摂取する動物プランクトンは補助的である。逆に褐虫藻は、サンゴの排泄物に含まれる栄養素によって光合成を行う。つまり、サンゴは褐虫藻なしでは生きられないし、褐虫藻はサンゴなしでは生きられないことを意味している。これを共生と

写真1-9　タイのサンゴ礁
(ジュンポール・サングアンシー氏提供)

いう。

熱帯地方の小島はサンゴでできたところが多い。サンゴ礁が死滅すると、その上に再びサンゴ礁が形成され、層をなす。それが地殻変動で隆起したのがサンゴの島である。

サンゴ礁で最も有名なのが、オーストラリアの北東沖に位置するグレートバリアリーフであろう。全長二〇〇〇キロメートルにも達し、そこに生息する魚の種類も多い。

サンゴ礁の破壊と死滅

戦後、私が小学生の頃までは食料が十分でなかった時代で、大人が川に灰色の固まりをまいていた。何をしているのかと思って見ていると、しばらくたって魚が水面に浮かんできた。灰色の固まりは何か薬品だと気づいた。この固まりはカーバイド（炭化カルシウム）で、水と反応すると有毒のアセチレンを発生する。この化学反応を利用して魚を獲っていたのである。また、当時夜店の明かりはカーバイドを使い、発生したアセチレンを燃やしていたようだ。大人はおおっぴらに魚を獲っていたように見えなかったので、おそらく違法行為であったと思われる。

私の郷里、四日市は伊勢湾に面し、何十キロメートルにもわたって砂浜が続いていた。夏、海水浴に行って砂を掘るとハマグリがたくさん採れていたので、水産資源には恵まれていた。これは主に木曽三川（木曽川、長良川、揖斐川《いび》）によるものだろう。このため、魚介類は廉価で入手できたと思われるが、それでも前述のような密漁まがいのことをする大人がいたわけだから、買えない人がいたのかもしれない。

一方、熱帯地方の何百、何千という島からなる国では、サンゴ礁の魚を猛毒のシアン化合物（青酸カリウムや青酸ナトリウム）を用いて、あるいは爆薬を用いて獲ることが多い。むろん違法行為ではあるが、島の数が多すぎて取り締まりが困難といわれている。これらの漁法は魚介類の資源を減少させるにとどまらず、サンゴ礁をも死滅させてしまう。

沖縄では山地を開発し、農地を拡大してきたが、森林伐採後、赤土が雨水とともに海に流れ込み、サンゴ礁を死滅させている。赤土が海に流れ出さないように、海側の森林を数百メートルの幅で残しておけば、サンゴ礁の死はまぬがれたのではないだろうか。後述するように、マングローブを完全に伐採してエビ養殖池を建設した場合、そこの海では年中赤潮が発生する。しかし、マングローブを幅四〇〇メートル程度残しておくと、マングローブが汚水を浄化するため赤潮は発生しない。なぜ、沖縄でも赤土が流出しない方法をとらなかったのだろうか。

天敵によるサンゴの死滅も述べておこう。サンゴの天敵はオニヒトデである。ヒトデはサンゴの軟らかい部分を食べてしまう。一九八八年、沖縄でオニヒトデが大量発生し、多くのサンゴが死滅した。オニヒトデの天敵はホラ貝である。殻の高さが四〇センチメートル、殻の直径は二〇センチメートルにも及ぶ大型の巻き貝で、サンゴ礁に生息している。このホラ貝がオニヒトデを食べてくれるのだが、ホラ貝は高い値段で売れるため漁師が乱獲してしまい、自然のバランスが崩れたともいわれている。

一九九七年から一〇年間に三回大規模な白化と呼ばれる現象が起こり、世界で五〇パーセントものサンゴが死滅している。従来、低気圧などによって海が攪拌されるため、海水温の上昇が抑えられていたが、昨今の気候変動によるものか、攪拌がじゅうぶんに行われず、海水温が上昇したためである。

サンゴの骨格は白色の炭酸カルシウムを成分とするため、サンゴそのものは白色である。褐虫藻と共生しているため褐色なのだ。水温が三〇℃を超えると褐虫藻は死滅するか、サンゴから逃避するため、サンゴは死滅する。死んだサンゴの色は白くなっているため、白化といわれている。褐虫藻、白化現象をそれぞれ写真1－10、1－11に示した。褐虫藻は一〇マイクロメートル程度の大きさである。

一般に、熱帯や亜熱帯では海藻地帯が少ない。その代わりがサンゴ礁である。海藻地帯で魚介類が生育するように、サンゴ礁が魚介類を増やす役割を果たしている。また、天然の防波堤の役

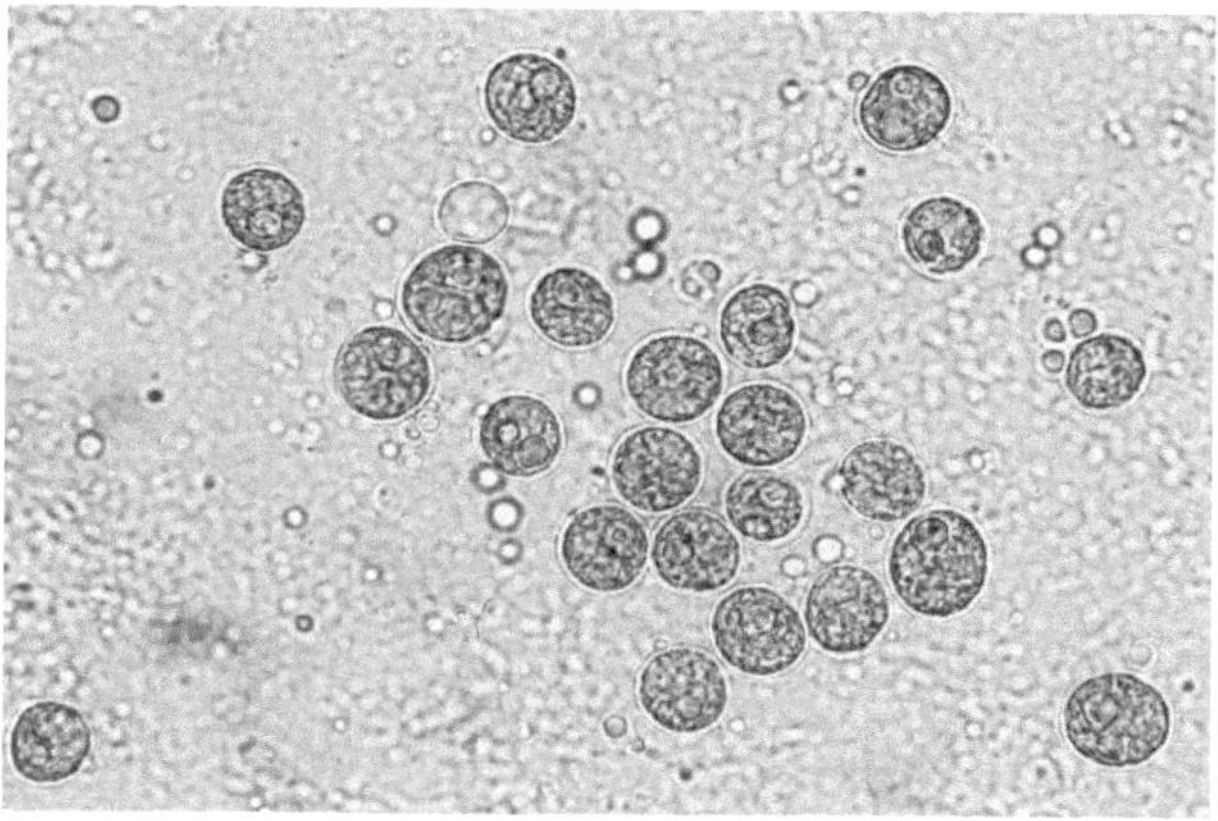

写真1-10　褐虫藻

写真1-11　白化したサンゴ
（ジュンポール・サングアンシー氏提供）

割も果たしており、極めて重要である。一度死滅すると、種によって異なるが、再生には一〇～一〇〇年もかかるため、サンゴの保全は極めて大切である。しかしながら、水温上昇、二酸化炭素濃度の増加による海水の酸性化により、世界中のサンゴ礁が消滅するかもしれないといわれている。

4　腐植土形成過程とその役割

岩石の風化

地球のいちばん外側の殻にあたる地殻は、数十キロメートルの厚さを持ち、溶けたマグマが冷えて固まった火成岩（花崗岩《かこうがん》、玄武岩など）から成っている。

酸素、ケイ素、アルミニウム、鉄、カルシウム、ナトリウム、マグネシウム、カリウムの八元素が地殻構成元素の九九パーセント以上を占めており、地殻中の元素のおよその存在量はそれぞれ四六、二八、八、六、四、二、二、二パーセントである。最大の割合を占める酸素は他の元素と化合し、酸化物を形成している。

火成岩の構成鉱物は石英、長石、雲母などで、これらは高温で形成されたのだから、常温、一気圧の下で水の作用を受ければ、最も安定した化学種に変わっていくのは当然のことで、これが風化である。

大気にさらされた岩石は膨張と収縮を繰り返して、物理的に砕かれていく。また、雨水に溶けやすい元素は溶け出し、残った部分は化学反応をして、別の鉱物に変化するといった化学的作用を受ける。さらに、破砕物はバクテリアなどの生物的風化作用を受ける。なお、石英はこれらの風化に対し抵抗力が強いため、最後まで残る鉱物である。岩石が微細粒子にまで風化されるには一〇〇万年もかかるといわれている。

河川水中の元素は、風化した岩石から溶出した元素であるため、水に溶けやすい元素とみなすことができる。表1－1は河川水中に含まれる主要成分（元素）の濃度である。最も水に溶けにくい元素はアルミニウム、鉄の酸化物であることがわかる。ちなみに海水中に含まれる主要成分の濃度は表1－2に示した。

熱帯地方では、赤褐色の未舗装の道や伐採され樹木のない赤褐色の山を見かけるが、この赤褐色は鉄の酸化物の色である。先に述べたように水に溶解しやすい元素はなくなり、鉄とアルミニウムの酸化物が残ったのだ。これをラテライトと呼んでいるが、ここでは樹木はむろん草も生育できない。つまり、栄養素がなくなっているのだ。

表1-1　日本の河川水中の主要元素、成分濃度

成分	濃度(mg/L)
カルシウムイオン	8.8
ナトリウムイオン	6.7
マグネシウムイオン	1.9
カリウムイオン	1.2
鉄	0.2
ケイ酸	19
重炭酸イオン	31
硫酸イオン	11
塩化物イオン	5.8
アルミニウム	0.36

(小林　純, 1960.
アルミニウムのみ, 菅原, 1967)

表1-2　海水中の主要元素、成分濃度

成分	濃度(g/kg)
塩化物イオン	19.353
ナトリウムイオン	10.76
硫酸イオン	2.712
マグネシウムイオン	1.294
カルシウムイオン	0.413
カリウムイオン	0.387
臭化物イオン	0.067

3.5%の塩分（河川水が混じらない普通の海水）に含まれる成分。1kg当たりと表示しているが，ほぼ1L当たりと考えてよい。

腐植土の形成

風化し、化学変化を受けただけの粒子は土壌とはいわない。バクテリアなどにより生物的作用を受け、有機物質を含有してはじめて土壌という。つまり、植物が生育できる栄養素を含んだ土ということができる。ハンマーで石を砕いただけの粉砕粒子では、植物は育たないのである。

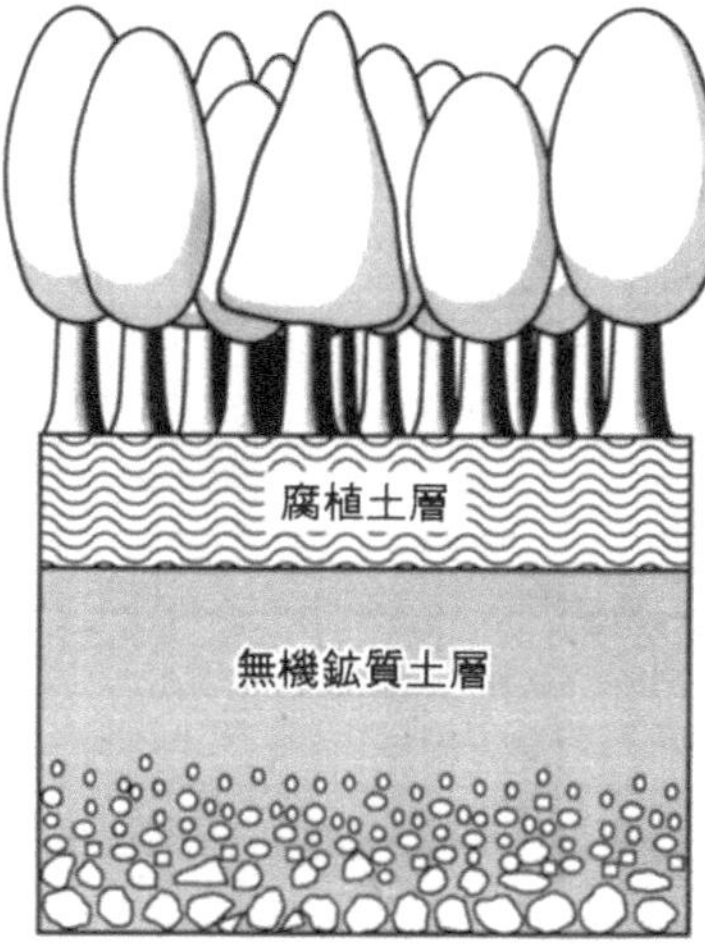

図1−1　腐植土層の概略

森林地帯では枯れ葉、枯れ枝が小動物やバクテリアなどによって分解され、さらに酵母による発酵や土壌での化学反応を受ける。これらが風化され微細粒子となった鉱物と混合し、いわゆる腐植土層が形成される（図1−1）。表層にはまだ分解されない枯れ葉が堆積しており、腐植土からの水の蒸発を防いでいる。煮物をするときフタをすると、水の蒸発が防げるのと同じ原理なのだ。この腐植土が川、湖、海の生き物に重要な役割を果たしているのである。

枯れ葉などの有機物質が分解、発酵、化学変化を受けると、炭酸、硝酸などの無機酸や、シュウ酸、酢酸などの有機酸が生成し、これらが鉱物に作用し風化を早める。針葉樹の葉には、樹脂や抗菌物質が存在しており、広葉樹の葉より分解速度が遅いといわれている。

戦後、落葉樹を伐採し、代わりに住宅用建材としての利用価値から、成長が早いスギ、ヒノキなどの針葉樹が植林された。敗戦国の日本は住宅用建材も不足する貧しい国になったため、針葉樹の植林が最優先されたのも理解できる。

昭和二五年から「全国植樹祭」が始まり、第一回は甲府市でヒノキが植林された。毎年植林される樹木は変わっているが、基本的には針葉樹であった。しかし昭和四五年ごろから、広葉樹と針葉樹の混植が行われるようになった。広葉樹の樹根は横に長く根を張るため、混交林にすると地盤は風水害に強いといわれている。

腐植土が海を守る

森林が伐採されたあと、裸地のまま放置されると、それまで長年にわたり培われた腐植土が雨によって流出してしまう。腐植土は多くの栄養素を含んでおり、これらがなくなってしまうことは、図１－１から明らかなように、栄養素をほとんど含まない無機土層が表層に現れることになり、樹木の生育が極めて遅くなることになる。さらに、腐植土層は栄養素の補給をすると同時に、保水という重要な機能を有している。

腐植土がないと、雨は一度に表層を流れてしまい、地中への保水は難しいということになる。保水機能がなくなると、大洪水になったり、渇水になったりする。魚介類の生息には、河川の水量が必要であるが、渇水になると、淡水魚、あるいは河川で産卵し孵化後降海する魚は、生きることができなくなってしまう。

また、海に対して最も大きな影響を与えるのが、土砂の流入である。森林それ自体も土砂の流入を防いでいたが、森林がなくなり腐植土層が消失すれば、たちまち無機土層も流れ出す。この土砂は河川に流入し、川底に堆積するため、洪水による危険性が増大する。海に流れ込むと、海底で生育している底生生物である二枚貝などはこの土砂に埋もれて死んでしまう。

魚類は逃避できるから直接被害を受けることはないかもしれないが、産卵場所が土砂で埋まってしまえば、この海域に魚は戻ってこなくなってしまう。土砂の流入の影響は、海藻にも顕著に表れる。流入した数マイクロメートル程度の粘土鉱物がコンブに付着すると、成長がやみ、死んでしまう。また、岩石や岩盤の表面に土砂が堆積すると、コンブの胞子（遊走子）が着床できなくなってしまう。第5章で取り上げる襟裳岬などは、その一例である。

さらに、腐植土は高濃度のリンを吸着するほか、高濃度の窒素化合物を窒素ガスとする脱窒素の機能を有している。つまり、栄養塩をコントロールする重要な機能を有しているのだ。私たちは淡水赤潮のアオコが発生している湖を再生させるために、放牧場の周りに植林をしたが（第5章で詳述）、二酸化炭素の削減と湖の浄化効果も考えたのだ。

5　森と海をつなぐ河川

里山の役割

水稲栽培が伝わった弥生時代には、安定した食糧を得ることが可能になった。当時は河川が毎年のように氾濫することによって、山の栄養分が農地に供給されていたため、持続的に水稲栽培が可能だったのだ。しかし、人為的に河川の氾濫を防止しはじめてからは、農地の栄養分が毎年減少することになった。このため、農地の栄養分を里山から得るようになったものと思われる。

里山とは原生林ではなく、人里に接した、あるいは人手の加わった二次林のことである。

半世紀前の日本では、水田が広がり、その背後には里山があり、河川や小川の周りには河畔林が広がる田園風景は、どこでも見られた光景であった。里山は水田の水を供給すると同時に、森林は薪炭林と呼ばれ薪や木炭の原料として、枯れ葉や下草は水稲の肥料として大切な役割を果たしてきた。このため、里山の森林管理は十分なされていた。

しかし、化石燃料や化学肥料が普及するにつれて、さらに半農半漁（沿岸漁業）の生活形態から遠洋漁業へ転換するにつれて、里山が有する機能を必要としなくなってしまった。さらに、都市周辺の里山は、都市部の人口増とともに住宅地に開発されてしまった。このため保水力も弱まり、里山の保水の代わりにダムが主流になってしまった。また、小川もコンクリートの水路に代わり、生態系が崩れてしまった。かつては日本のどこでもメダカが見られたが、今や絶滅するかもしれないといわれはじめ、自然を再生しなければならないとの動きが出はじめている。

魚つき林

漁師たちは、魚や貝類を増やすためには湖岸や河畔、海岸の森林を保全することが極めて大切なことを経験的に知っていた。森林の周りには魚が集まるというので、この森林は魚つき林と呼ばれていた。江戸時代には木一本首ひとつ、つまり盗伐すれば首を刎《は》ねられるほど厳しく管理され、重要視されていた。

魚つき林の物理的役割として、急激な水温上昇を抑える働きがあげられる。水辺の森林がないと、川の水は太陽光を直接受け、下流に流れるにつれ水温が上昇することになる。水温に敏感な魚はそこでの生育が困難になる。

一般的に魚は直射日光の当たる場所よりは木陰を好むし、水中に張り出した樹木の根や倒木の陰が小魚の安全な隠れ場所になる。また、樹木が生い茂ると、そこには種々の昆虫が生育し、水面に落下するものも多い。昆虫を主食とするイワナなどは、河畔林がないと生きていくことは困難になる。体長一〇センチメートル程度のイワナやヤマメの主な餌は水中の昆虫ではなく、落下昆虫である。夏には落葉樹から一平方メートル、一日当たり一〇グラムの昆虫が水面に落下している。淡水魚から逃れた昆虫は海に流れ出るが、結局海水魚の餌にもなり、その効果は大きい。

さらに落葉した葉を炭素源とする食物連鎖が成り立っている。これは熱帯や亜熱帯に広がるマングローブ林（海の森林群落）においても、マングローブの葉を栄養源とした食物連鎖が成り立っているのと同様である。美味なマングローブガニも、もとをただせばマングローブ林が存在するからこそ私たちはそれを食することができるのである。これについての詳細は第４章で述べる。

化学的な要因としては、これまで述べてきたように栄養素を河川、海に供給するという重要な役割をしていることから、陸のすべての森林が魚つき林といってもいいのではなかろうか。

　里山や魚つき林の必要性は、長い間の経験的に得た知恵として受け継がれてきたものと思われ、その役割は科学的に見ても極めて貴重である。にもかかわらず、わずか半世紀のあいだに里山が失われ、魚つき林という言葉さえ忘れ去られようとしている今日、自然なくして人間は生きていけるのか、自問すべきときにきている。

どんぐりが魚を育てる

　どんぐりと呼んでいる実（種）をつける樹木は、狭義にはクヌギ、広義にはシイなどの照葉樹を含むものの、主にブナ科の落葉樹であるミズナラ、コナラ、カシワなどのことをいう。こうした落葉樹から落ちた葉が腐植土を形成し、水辺の魚を育てる重要な役割を果たしているのだ。

　クヌギの実は、直径二〜三センチメートルの楕円形である（写真1－12）。生物が生きられる限界として、北限とか南限という言葉がよく使われるが、クヌギの北限は岩手県といわれている。北海道道南でもクヌギは生育しているが、移植といわれている。北海道では自生は無理のようだ。

　クリもブナ科でどんぐりの仲間である。クリとよく似たトチノキはトチノキ科でブナ科ではな

写真1-12　クヌギの実

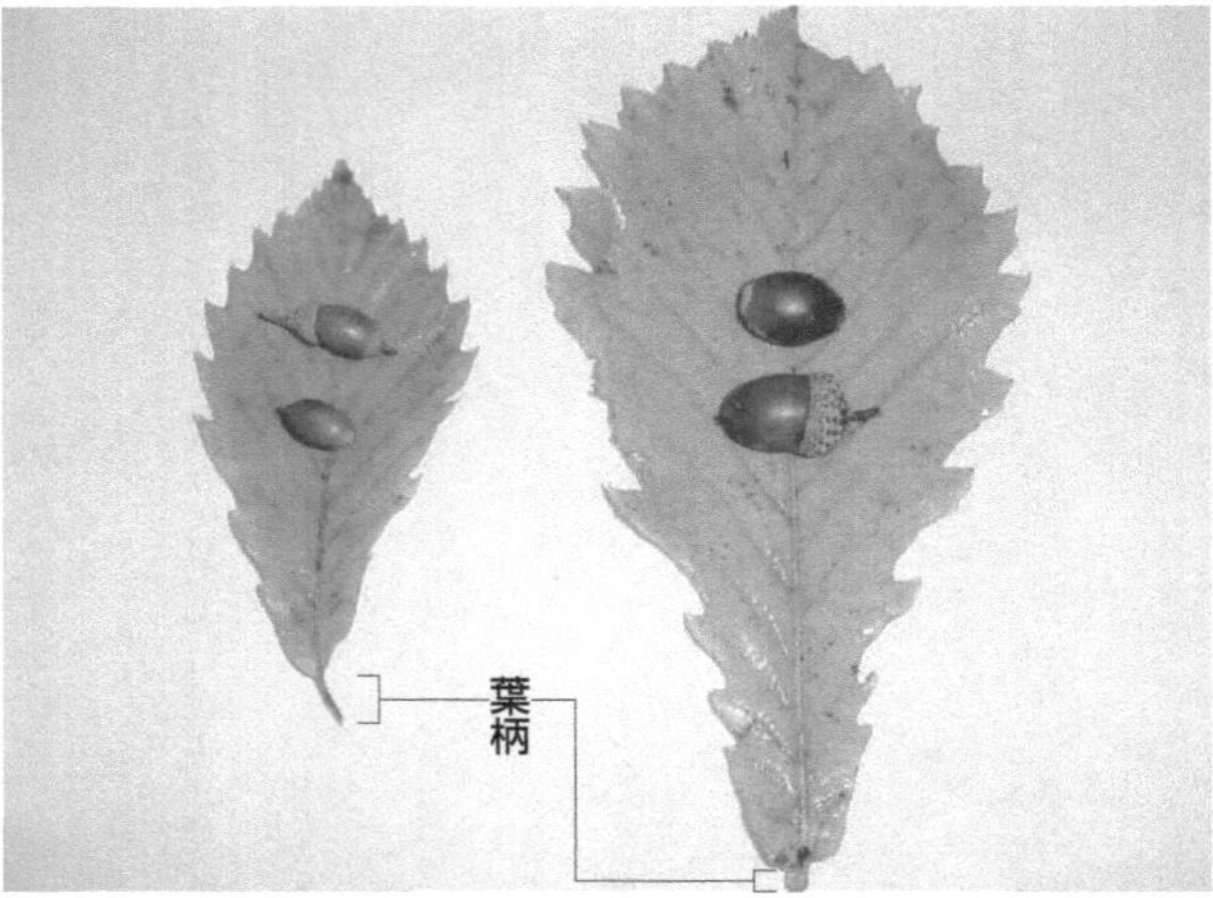

写真1-13　コナラ（左）とミズナラの葉と実

いが、植林には使用している。実を焼酎につけて、シップ薬として使われているし、トチ餅やトチの実入り煎餅などとしてもおなじみである。

どんぐりを拾いはじめた頃、どんぐりについて不勉強であったため、種から白い芽が出ているものを見つけて、どんぐりは秋に芽を出すのだと思ったものだ。これは芽でなく根を出していたのである。根を地面にしっかり固定し、越冬をし、春に芽を出して成長するのである。

最初はコナラとミズナラの区別も困難であった。葉の形がよく似ていたためだが、よくよく観察するとミズナラのほうが寸胴のように葉の中央部分が広く、葉柄《ようへい》の長さも短い。コナラの葉柄は長く、ミズナラのそれはほとんどないといえる。最近では葉柄を見ればすぐに見分けることができるようになった（写真1－13）。

古代人と森林

日本人のルーツは大きく分けると、南方系の縄文人、大陸から稲作文化をたずさえて渡来した弥生人、擦文《さつもん》文化（北海道の先史文化）を継承したといわれるアイヌ民族などだと考えられている。

函館空港の滑走路の延長工事で、今から八〇〇〇～七〇〇〇年前の縄文早期後半の遺跡が見つかった。五〇〇棟を超す住居跡が残されており、しかも五〇〇年の長きにわたって定住していたとされている。縄文時代は獲物を求めて移動するのが常で、五〇〇年ものあいだ定住できた理由について考えてみたい。

遺跡の前面は海、背後は平地から山にいたる森林に囲まれており、この平地には河川や沢水が流入している。現在でもこの地域には多くの沢水が流入しているため、七〇〇〇年前も同様と考えて差しつかえないだろう。

出土した炭化植物にはクルミやキハダの果実が見つかっていることから、当時は食用となる木の実のなる落葉樹木で覆われていたのだろう。また、ミズナラなどのどんぐりの実もたくさん存在していたものと思われる。どんぐりの実は動物や鳥の食用として知られているが、当時は人間も食用としていたものと思われる。

落葉樹の森林は腐植土を形成し、雨水とともに川や海を下り、魚介類を育てる餌作りに貢献している。このため、川や海には魚介類が豊富に存在していたはずだ。また、石錘《せきすい》といわれる小石も数多く発掘されている。これは定置網の重りに使われていたようだ。このことから判断すると、秋に回帰してくるサケ、マスだけでなく、網を用いてヒラメ、カレイ、タラなどの魚を年中獲っていたものと推定される。また、この沿岸海域は今日でもコンブなどの海藻地帯であることから、ウニ、アワビなどの海藻を食する貝も採っていたものと思われる。一方、陸にはTピットという獲物の落とし穴があることから、イノシシやシカなど大型動物も食料としていたのであろう。

狩猟民族でありながら長期間にわたって定住できた理由は、落葉樹の木の実、またそれを餌とする小型から大型の動物、さらに森の恵みを受けて育った豊富な魚介類を食することができたためと考えられる。

青森駅から南西へ三キロメートル、八甲田山系の丘陵の先端に五五〇〇年前から四〇〇〇年前まで、一五〇〇年にわたって存在していたとされる集落跡、三内丸山《さんないまるやま》遺跡がある。推定される遺跡の広さは四〇ヘクタールと広大である。竪穴式住居が約五〇〇棟もあり、縄文の集落としては最大で、クリの木の植林がなされていた痕跡が残っている。当時の平均気温は現在より二〜三℃ほど高く、海面も五メートルほど高かった。当時は遺跡の前後に森や海が広がっていたのだ。すでに舟による遠隔地交易が行われていたようで、写真1－14のように巨大柱が見つかっており、舟の目印となる望楼ではなかったかとも考えられている。ここでも森の恵み、それによってもたらされる河川や海の幸によって、一ヵ所で一五〇〇年も古代人は生きられたのだろう。

遺跡に立って五〇〇〇年前の風景を想像してみると、森林なくして生物は生きられないことを

写真1-14　三内丸山遺跡
復元された巨大柱（六本柱建物・左）と大型竪穴式住居（右）。

再認識するであろう。

アイヌ民族に学ぶ

私は、ロサンゼルスから二〇〇キロメートル南東に位置するサンディエゴ市にしばらく滞在していたことがある。ここには、海洋研究で知られたスクリップス海洋研究所がある。アメリカ東部なら、ボストンから南に約一〇〇キロメートルに位置するウッズホール海洋研究所が有名である。スクリップス海洋研究所はカリフォルニア大学サンディエゴ校の研究所で、ラホヤ（La Jolla）にある。最初はラジョラと発音するのかと思ったが、ラホヤと読むのである。ここは昔、スペイン領であったため、町の名がスペイン語でそのまま残ったのである。

日本でも東北、北海道にはアイヌ語の発音がそのまま当て字として残されている地名が多い。たとえば訓子府という町や、辺乙部という川がある。前者はクンネップと読むが、アイヌ語でクンネは黒い、プはもの（川）を意味する。後者はペオッペと読み、ペ（水）オッ（多い）ペ（川）を意味している。川は正しくはペッというので、本来はペオッペッと発音したほうがいいのだろう。さらに、北海道の地名にはアイヌ語の川、海、山、木、神などのつく地名が多い。とくに川が多いことに気づいたが、アイヌ民族とサケは深い結びつきがあり、河川、とりわけ河口をアイヌ民族は重視していたものと思われる。

知里真志保博士による『アイヌ語入門』によると、アイヌ民族は河川を女性にたとえていた。川の上流は人間の口に相当し、河口はアイヌ語でオと発音し、川尻の意味と女性の陰部の意味もある。つまり、河口は新しい生命を誕生させる神聖な場所であると同時に水産資源を生み出す大切な場所として認識されていたのではないだろうか。

アイヌ民族は自然との共生を大切にしていたため、生活のために木が必要な場合でも、伐採は最小限度にとどめていた。森林を残すことが河口域の水産資源を豊かにすることを知っていたのであろう。これはアイヌ民族が長年の経験にもとづいて得た知恵であって、私たちが書物などから得る知識ではなく、本来、代々子孫に伝えていくべき大切な生きるすべなのだ。

しかしながら、都会のビルの谷間で生活していると、自然がなくなっても生きていくことができる錯覚にとらわれてしまう。とくに幼少の頃から都会で育っていると、自然と触れあう機会がなく、頭では理解しているものの、自然なくして人間の生存はありえないことがわからなくなってしまうのかもしれない。

アイヌ民族は、自然の恵みに感謝する狩猟民族であり、サケ、マスなどの魚をはじめ、鳥獣、草木にいたるまで、生活に必要な量だけを採取していた。さらに、河口海域は生命誕生の場として重要であることを経験的に知っていた。生命の誕生は森林のおかげであることも経験的に認識していたのである。たとえば、サケは水温が一定している湧水付近で産卵するが、そうした湧水があるのは森林が存在するからである。

なお、サケの稚魚の放流は、明治時代に孵化事業が開始され、二〇〇七年には一八億六九〇〇万尾の稚魚放流を行っている。年によって多少の変動はあるが、回帰率は数パーセント程度といわれている。

河川水と海水の違い

海水と淡水の相違は塩分を含んでいるか否かということだが、その結果、最大密度になる水温が変わってくる。淡水は四℃で最大密度になり、重くなった表層水は下層に沈降する。逆に下層

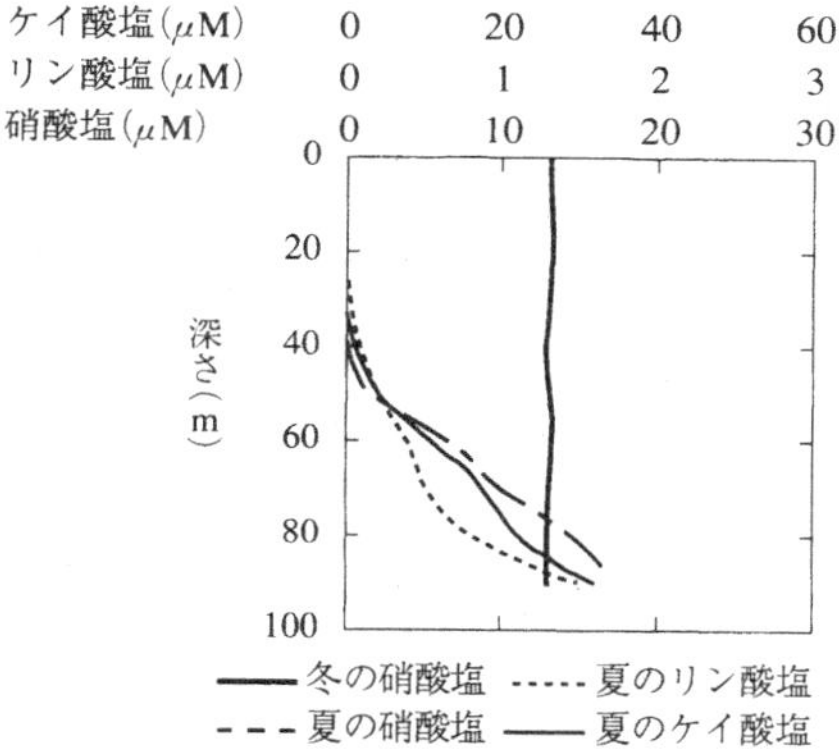

図1−2　北海道噴火湾における栄養塩の鉛直（垂直）分布
μM（マイクロモル）は、1Lあたりの分子量（モル濃度）の100万分の1の濃度を表す。

の水温の高い水は表層に上昇し、対流が起こる。表層水がさらに冷却され、四℃以下になると密度は小さくなるため下層に沈降しなくなる。さらに、冷却が進み〇℃になると、表層水は氷結しはじめる。

一方、三・五パーセントの塩分を含む海水は、冷却されればされるほど密度はどんどん大きくなり、対流が続いてマイナス一・八℃にならないと氷結しない。これが、海水と淡水の大きな相違といえる。北海道の噴火湾の場合、冬期にはおよそ一〇〇メートルの深さまで混合（対流）が起こっている。

噴火湾の中央部で計測した栄養塩の鉛直分布を図1－2に示した。植物プランクトンが急増する季節である春から冬期の対流が生じるまで、光が届く表層（有光層という）の栄養塩濃度は対流がないためにゼロである。これでは、魚の餌となる植物プランクトンなどが作られないことになり、魚は生存できなくなると思われるが、実際には沿岸部では魚介類が生息し、生態系が維持されている。なぜだろうか。

じつはこの間、森林で形成された栄養素が海に流入し、植物プランクトンを養っているのである。海に流入した栄養素は沿岸部ですぐに消費されてしまうため、湾中央部では栄養塩濃度がゼロになってしまうのだった。すなわち噴火湾のような閉じた海では、森林の腐植土から栄養素が供給されなければ、魚介類は育たないことを意味している。

コンブの質は河川水で決まる

コンブは一等コンブから雑コンブまで、細かく等級が分類され市販されているが、等級はコンブの厚みとか、黒びかりした色つやのよさによって決まる。コンブはマコンブ、リシリコンブ、ミツイシコンブ、ホソメコンブ、ナガコンブなど多くの種類があり、それぞれの用途によって使い分けされる。たとえばマコンブは、だしコンブとして最高級品とされているし、煮物用ならミツイシコンブである。

北海道日高支庁の井寒台《いかんたい》、道南の渡島半島に位置する南茅部《みなみかやべ》のコンブなどは最高級品とされている。この海には数多くの河川や小川が流入しており、森林の腐植土から溶出した栄養素が沿岸海域に運ばれ、コンブの質を高めていることはいうまでもない。一方、昔は一等コンブが採れたのに、今では三等コンブしか採れなくなってしまっている海域もある。質の低下した原因を漁師に聞くと、河川水量の激減と上流の森林伐採が影響していると話していた。

一九五〇年ごろには二メートルの水深があった河川でも、現在は二〇センチメートルの水深しかない河川が数多くなっている。半世紀前までは夏でも冬でも豊富な水量があったと、土地の古老は話していた。さらに、全国で大雨が降ったとき以外は水なし川になっている河川も多くなっている。水なし河川の場合、上流には森林が生育していることから、森林が伐採されたためではなく、森林の整備がなされていないためである。つまり、腐植土が形成されないため保水力がなくなっているのである。

日本が高度成長する以前は、国民の多くは一次産業に従事しており、山ではクヌギ、ナラを伐採してシイタケ栽培用の原木に、また木炭や燃料用に使っていた。ただし皆伐ではなく、必要な量だけを伐採（択伐）していたのである。つまり、人里離れた山でも、人間がそこで生活の糧を得て、間伐や森林整備が日常的に行われていたのである。

海や湖の周辺では半農半漁の生活をしていたが、漁ができない山岳地帯では、林業と農業で生計を立てていた。保水力がなくなったのは、一次産業が衰退し、生活の糧を山に求めなくなった要因が大きいものと思われる。

なお、根から三〇センチメートル程度までの部分を根コンブというが、健康によいといわれている。鉄を取り込む速度を葉の先端部と根コンブの部位とで比較すると、根コンブのほうが先端部よりも二倍以上速い。根コンブの部位はコンブの成長点といわれているように、活力に満ちているのかもしれない。

高い河口域の生産力

河口域の生産力は極めて高い。函館湾ではホッキ貝が主な漁獲物である。ホッキ貝は海底の砂泥に潜って生息している。資源保護のため、ホッキ漁の時間は一日に数時間と限られている。その限られた時間に漁獲高を稼ごうと、河口域に漁船は集まってくる。つまり、河口域は貝の餌が豊富だから、貝の密度が高いのだ。

秋に孵化したアユの稚魚は、降海し冬季を過ごす。稚魚の生息域は河口の両岸一キロメートルまでで、水深の浅いところで春を待つ。なぜ沖に出て成育しないのかというと、第一に河口域には餌となる動物プランクトンが豊富に存在すること、第二に浅いため外敵が近づきづらいことが要因と思われる。

海で成育しているあいだのアユの稚魚は、海産性の動物プランクトンを食しているのだ。春に遡上してからは、コケと呼んでいる、岩に着床した植物プランクトンを餌としている。写真１－15は、アユが着床プランクトンを削り取ったハミ痕である。

宮城県の気仙沼湾ではカキ、ホタテの養殖が行われている。これらを成長させる栄養素の供給源を三年間調査した結果、湾に流入している大川という河川であることを化学的に証明した。

三重県紀北《きほく》町の三浦湾には、水力発電に用いた湖水がパイプラインを通し、中級の河川水に匹敵する毎秒七トンで排水されている。この湾には、冬になると真珠養殖のアコヤ貝のいかだが集結する。貝が死ぬ割合が少なく、質のよい真珠が育つからである。数年間調査しているが、表層を流れる湖水は沖に早く流れ去る。しかし、数メートル以下の層には二つの時計回りのジャイル（環流）があり、少なくとも一週間は湾内に滞留する。このため、湖水に含まれている栄養素により、湾内で貝の餌が多く作られることが明らかになった。なお、湾には岩石や岩盤があるが、そこにはアラメ、カジメなどの海藻が繁茂している（写真１－16）。そのため、アワビやサザエが豊富に生育している。

森林地帯を流れる大河川が流入し、生態系を豊かにしている海域としては、東シナ海西部（揚

写真1-15　アユのハミ痕

写真1-16　三浦湾のアラメ

写真1-17　霧多布湿原

釧路湿原、サロベツ原野に次いで国内で３番目に広い湿原。北海道東部の太平洋岸に位置する。

子江）、オホーツク海（アムール川）などが好例である。

海を豊かにする湿地

陸の湿地は湿原、泥炭地、河川、湖水の周り、さらにツンドラ地帯に存在する。湿地というからには、水が存在しなければ湿地ではないことから、陸の場合、水の供給と蒸発量の釣り合いが取れていることが条件になる。蒸発量のほうが多ければいずれ乾燥してしまい、湿地ではなく砂漠になる。

北海道東部の釧路地方や根室地方には多くの湿原が存在する（写真1－17）。その理由として、海水温が大気温より高いため、海から蒸発した水蒸気が凝集して海霧となり、空気の湿度

写真1-18　湿地を流れる河川

を高める一方、太陽光は霧で遮蔽されるため、湿地からの水の蒸発が抑えられることが大きいといわれている。

日本には全国に湿地があった。東京も昔は多くの湿地があり、「谷《や》」という字のつく渋谷、四谷などは、もとは湿地帯であったことを意味している。世界でも大河の周辺やアラスカ、カナダなどに湿地が多い。昔カナダのバンクーバーから大西洋側のハリファックスまで、大陸を横断したことがあるが、湖と湿地帯ばかりであった。

かつて湿地は一部水田に利用されたといわれてはいるが、あまり利用価値がないということで、多くの湿地は埋め立てられてしまった。

写真1－18のように、湿地は数百メートル程度の幅で広がり、アシが生育し、その中を河川が流れてい

る。光合成生物に不可欠なフルボ酸鉄は、湿地の底土中の水に含まれ、その濃度は〇・五ミリグラム／リットル程度と極めて高い。さらに、この底土水（間隙水）が河川に流入することにより、河川水中のフルボ酸鉄濃度は上流のそれよりも数倍から一〇倍も高い。つまり、森林も重要であるが、湿地も森林同様、海の生物を育てるには極めて重要であることを意味している。

乱伐と砂防ダム

全国の山には、多くの砂防ダムが建設されている。土砂や土石流が下流に流れ出すのを防ぐためである。乱伐と砂防ダムが深く結びついていることを述べよう。

琵琶湖南方に位置する田上山《たなかみやま》は一〇〇〇年以上の昔、カシ、ヒノキ、スギなどが生育する山であった。七〇〇年頃、藤原京造営のため、この山から樹木を切り出し、瀬田川、宇治川、木津川を利用して、奈良の藤原京に運んだ。その後も、東大寺などの神社仏閣の建立のため伐採されつづけた。山肌はもろい花崗岩のため、風雨で削られ、草もない禿げ山になってしまった。削られた土砂は、瀬田川のみならず淀川にまで堆積したため、洪水が頻発した。明治時代に土砂流出を防ぐため、オランダの土木技師であるヨハネス・デ・レイケの指導により一八八九年（明治二二年）、田上山のふもとに砂防ダムが造られた（写真1－19）。

写真1-19　日本最初の砂防ダム（オランダ堰堤）

このように、樹木を乱伐すれば、土砂が流出することは歴史的にも明らかである。後述するように、間伐や植林で土砂流失を防ぐことを優先すべきではなかろうか。

なお、砂防ダムを造ると下流の川底への土砂の供給がなくなるため、川底の土砂が流出するにつれて護岸が崩壊している河川が多く見られる。海にも砂の供給がなくなるため、沿岸が浸食される。砂防を目的としない利水、治水用のダムでも同様で、河川、沿岸の護岸整備に巨額の税金が必要になる。さらに、森林整備がされていないと、上流の土砂が流出し、ダムに堆積する速度が早まり、ダムの機能が失われることになる。

また魚の産卵場所の観点からみると、産卵場所である川底の砂利も減る。つまり、砂利に産卵するサケ、サクラマス、イワナ、ヤマメ、アユなど多種の魚の産卵場所が減少するため、魚も当然減少することを意味している。さらに、伐採により表土が流出し、粒子の細かい粘土鉱物などが砂利の表面に着床したり、砂利のすきまを埋めてしまうため、産卵場所としての機能を失うことになる。

第2章 森が貧しいと海も貧しい

1　光合成生物に欠かせない鉄

鉄はなぜ必要か

人間の血清成分と海水成分はよく似ており、生命が海で誕生したといわれる所以《ゆえん》ともなっている。比重が四以上の重金属中、鉄が人間の体内でいちばん多く、大部分は酸素を運ぶヘモグロビンの中心元素として存在している。なぜ、生体内で鉄が多いかというと、生命誕生時の海で重金属中、鉄濃度が最も高かったことや、酸化還元が容易に起こることに起因していると思われる。

海水中では、植物プランクトンや海藻が増えなければ、それに続く貝、魚も増えることができない。基本的には二酸化炭素と水と太陽光でこれら光合成生物は成長、増殖するが、その他、栄養塩といわれる硝酸塩、リン酸塩、ケイ酸塩が必要である。光合成生物が硝酸塩を取り込むには、先に鉄を取り込まなければならない。なぜなら、細胞は取り込んだ硝酸塩から窒素原子を還元し、タンパク質を作る材料としなければならないが、鉄はその還元を行う硝酸還元酵素に関与しているからである。また、光合成色素の生合成にも鉄が不可欠だ。鉄の重要性は、陸の光合成生物も同様である。

ここで少しだけ、私が鉄の研究を始めたきっかけを述べておこう。一般にひとつの研究は一〇年程度で成果が得られるため、多くの研究者は一〇年を一区切りに別の研究テーマに移る。私ははじめに、恩師の西村雅吉先生（北海道大学名誉教授）の下で、硝酸塩など窒素化合物の高感度で迅速な分析法の研究を行った。成果が得られたので、次に水銀の無汚染、高感度分析法を開発し、これまで明らかでなかった河川、海水中の正確な水銀値を報告し、地球表面での水銀の動きを解明することができた。

そんなおり出会ったのが、生態系における鉄の問題であった。生態系の問題は、生物が生きている化学環境を知らずには解明できない。したがって、環境中の元素や化学成分の分析は極めて重要となる。これまでの研究経験が役に立つと思えたのだ。

光合成生物はいかにして鉄を取り込むのか

樹木は根から水分や栄養素を吸収し、葉から二酸化炭素を取り込み、酸素を放出している。一方、コンブなどの海藻の根は、たんに葉体を支えるだけで、栄養素は葉から吸収している。植物プランクトンやコンブなどの海藻は、細胞膜を通して直接海水中の栄養素を取り込んでいるのだ。

海水中では、鉄以外の元素や化合物はすべて水に溶けたイオンの状態で存在する。イオンは細胞膜を通過できるため、光合成生物は容易にこれらの元素を取り込むことができる。ただし厳密にいうと、大陸棚より深い外洋水ではマンガンは大部分粒子であるが、海藻・海草が生息する沿岸についていえば、マンガンもイオンとして考えることができる。河川から海に流入するマンガンイオンが粒子に変わる速度が極めて遅いからである。微量元素が生物に果たしている役割については未知の部分が多いが、主に酵素の中心元素か、酵素を活性化させる働きをしていると考えられている。

一方で、水中の鉄は濾過すると、大部分は〇・四マイクロメートルの孔径を通過できない大きさの粒状である。鉄は光合成生物に不可欠の元素でありながら、酸素を含んだ海水中では粒子として存在し、基本的に鉄イオンの状態で存在することができない。では、大きな粒状鉄を取り込むことができない植物プランクトンや海藻は、どうやって鉄を摂取しているのだろうか。その答えの糸口は、まず外洋における研究からみつかった。

鉄不足海域とマーチン博士の実験

一九八〇年代なかばに、米国のモスランディング海洋研究所のジョン・マーチン博士が衝撃的な論文を発表した。アラスカ湾では鉄不足のため、春になっても植物プランクトンが増殖できず、結果として太陽光が届く有光層でも栄養塩が消費されず、そのまま残存しているという内容だった。

マーチン博士が最初に鉄不足海域を報告した当時、日本では生態系における鉄の研究はほとんどされていなかったので、彼を知る人は少なかった。私は一九七〇年代後半から鉄の研究を開始していたため、一九八八年に行われたハワイでの学会で話す機会を得た（写真2－1）。

写真2-1　ジョン・マーチン博士
(1935～1993)

その後、世界の研究者が鉄不足海域を調査した結果、赤道域、南大洋（南極海を含む）などの海域が見つかったが、ここでは独創的な成果を残したマーチン博士が最初に報告したアラスカ湾について述べることにする。

当時のアラスカ湾における硝酸塩、リン酸塩、ケイ酸塩、鉄の鉛直分布を図2－1に示した。光合成には太陽光が必要だが、外洋で光が届くのは水深一〇〇メ

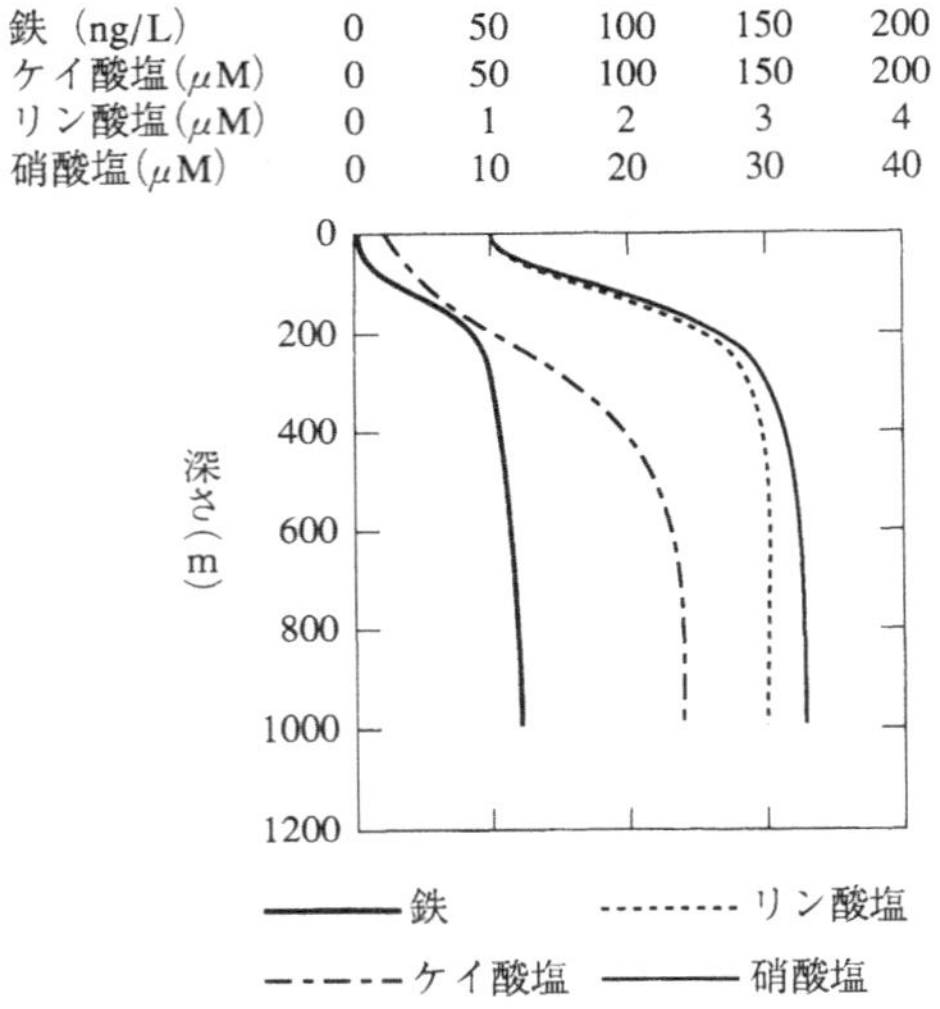

図2-1　アラスカ湾における栄養塩と鉄の鉛直（垂直）分布

ートル程度までである。図のグラフで水深一〇〇メートルまでを見ると、硝酸塩、リン酸塩、ケイ酸塩は十分に存在しているにもかかわらず、鉄はほとんどゼロである。そのため、植物プランクトンは増殖できないのだ。

　河川から海に流入した鉄は沿岸海域で海底に沈んでしまうため、河川起源の鉄は外洋までほとんど到達しない。外洋の鉄はどこから運ばれるかというと、偏西風によって空から運ばれるのである。

　偏西風は中緯度地帯を西から東に向けて吹く風のことであり、大陸の土壌はこの偏西風で外洋に運ばれる。こうして運ばれてきた鉄がプランクトンに摂取される仕組みは次のようになる。

陸上では、土壌のバクテリアは粒状鉄を直接取り込めないので、鉄との結合力の大きいシドロホアという有機物質を分泌することにより、それと結合した鉄イオンを体内に取り込んでいることが知られている。海にもこの種の有機物質を排泄するプランクトンが生息し、このような有機物質と結合した状態で鉄イオンが存在する。一リットル当たり数～数十ナノグラム（ナノグラムは一〇億分の一グラム）と極微量ではあるが、この鉄イオンを植物プランクトンが摂取していると考えられているのだ。

アラスカ湾より西側（日本側）の太平洋では、偏西風により大気から鉄が供給されており、鉄不足は起きていない。しかし、アラスカ湾までは鉄は運ばれないため、この海域で鉄不足になったというわけだ。カムチャツカ半島付近の高緯度地域にも鉄は運ばれていないようだ。

アラスカ湾では鉄が不足しており、それが植物プランクトンに影響していることを実証するため、マーチン博士は次のような培養実験を行った。

鉄不足の海域から海水を採取し、一方には鉄を加え、もう一方には鉄を加えない状態で、両方の海水で植物プランクトンを培養した。その結果、鉄を加えない海水ではプランクトン（クロロフィル）はほとんど増えなかったのに対し、鉄を加えると著しく増加したのである（図2－

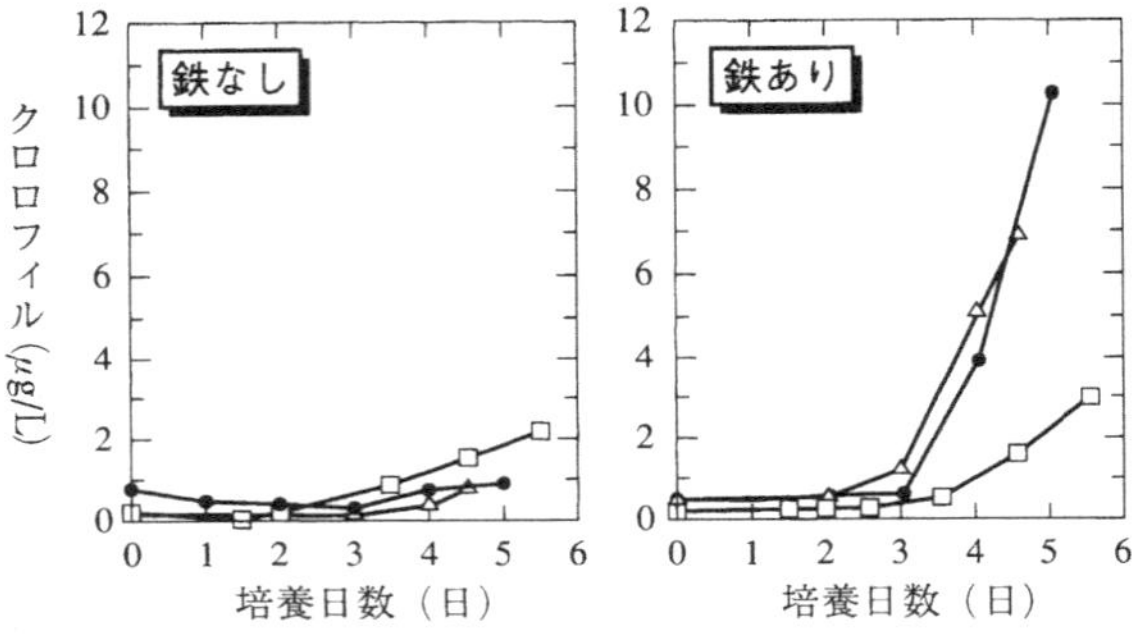

記号は異なった採水地点を示している。クロロフィルはプランクトン量を表していると考えてよい。（Martin,J.H.ら,1989）

図2-2　アラスカ湾の鉄不足海水に鉄を加えた場合と加えなかった場合におけるプランクトンの増殖（培養）実験

2）。

同じ海でも、外洋と沿岸部では鉄の供給源が異なる。しかし、鉄不足が植物プランクトンの増殖を妨げ、海の生態系に著しい影響を及ぼすという点では、マーチン博士の外洋水での実証は、沿岸部の生態系の解明にもつながるのだ。

一九九四年、バミューダ島で鉄のワークショップが開催され、私は招待されて出かけた。残念なことに博士は前年に亡くなっていて、弟子のコール博士が鉄不足の赤道海域で行った鉄散布実験を報告していた。鉄がプランクトンの増殖を左右するというマーチン博士の研究は、ノーベル賞に値すると私は考えている。

現在では、地球温暖化を防ぐために鉄不足海域に鉄を散布し、植物プランクトンを増殖させ

天然の防波堤

都市に住んでいると森林の役割を考えたこともないと思うが、災害時に発生する火災では、森林が防火壁の役割をして延焼を防いでいる。地方では防風林、防雪林、山崩れ防止、気温上昇防止、騒音防止などがあげられるが、最も大切な役割は水源涵養《かんよう》である。森林の腐植土がなければ、洪水が発生する確率が大きくなるし、乾期には水なし河川になる。

一九九八年、バングラデシュは洪水により国土の六割が水没した。国土の五〇パーセントが海抜八メートル以下の低地だという地理的な事情が大きいが、熱帯樹木の伐採も深く関わっているといわれている。バングラデシュやミャンマーのマングローブ林は、燃料などとして伐採されてしまっており、そのせいでバングラデシュでは一九九一年に、ミャンマーでは二〇〇七年と二〇〇八年にサイクロンによる高波でそれぞれ一〇万人以上の死者を出している。マングローブ林が残されていれば、これほどまでの被害にはならなかったといわれている。

タイでもマングローブ林の五〇パーセントが消滅した（二〇〇九年）。主な消滅原因はバングラデシュと似ているが、エビ養殖用の伐採が大きい（写真2－5）。しかし、伐採の禁止やタイ国民に敬愛されていた故プミポン国王が植林を推奨したことにより、一九九三年に一七万ヘクタールだったマングローブ林が、二〇一四年には二四万ヘクタールへと増加している。

フィリピンのマニラ湾に沈む夕日は絶景としてよく知られているが、二〇〇一年に訪れたときには、マングローブの多くは枯死していた。湾にはマニラ市の汚水が未処理のまま流入しており、あまりにも汚れがひどいとマングローブは生育できないようだ。美しい夕日は、マングローブに囲まれた湾でないとその価値は半減するように思えた（写真２－６）。

二〇〇四年一二月、マグニチュード九・三というインドネシア・スマトラ島沖地震が発生し、津波により被災諸国の死者は二二万人を超えた。タイのプーケット島周辺では数千人の死者が出た。プーケット島は、白い砂浜が延々と続き、欧州からの観光客がビーチで楽しんでいたのだ。しかしながら、マングローブがほとんど手つかずで残されていたところでは、犠牲者はほとんどいなかったようだ。

マングローブはこのように防波堤の役割をしており、極めて大切であるにもかかわらず、目先の利益のために伐採されてしまう。また、エビ養殖場では効率よくエビを増やすことを優先するため、過密養殖になってしまう。病気の発生を防ぐために抗生物質を使用するものの耐性菌が生まれ、数年たつと養殖場を放棄せねばならず、新たな養殖場を作らなければならない。こうして次々とマングローブ林が伐採されるのである。ちなみにタイではマングローブの無断伐採は禁止されている。しかし、法を破る人間はどこの国にも存在するのである。

写真2–5　マングローブを伐採して作られたタイのエビ養殖場

写真2–6　マングローブが生育できないマニラ湾

写真2-7　ベトナムのエビ養殖場

二〇〇一年にベトナムのサイゴン川流域でマングローブの調査を行ったが、ベトナムのエビ養殖はマングローブを伐採せず、土手でマングローブを囲い、海水塩分を調整しているだけであった（写真2－7）。エビ養殖ではベトナムは先進国といえる。

なお、写真2－4について、鉄片を入れると海ぶどうの成長が早いということで、入れないと成長しないということではない。つまり、暖流水や日本沿岸の砂漠地帯では、他の海域に比べて鉄濃度が低いというだけで、アラスカ湾のように年中鉄が存在しないということではない。

研究者はマーチン博士のようにオリジナルな研究をするべきだが、ものまねの研究しかできない大学の教官が多い。指導教官を選ぶ際には、教官の業績を十分調べて決めることが大切である。

第3章 海の砂漠化

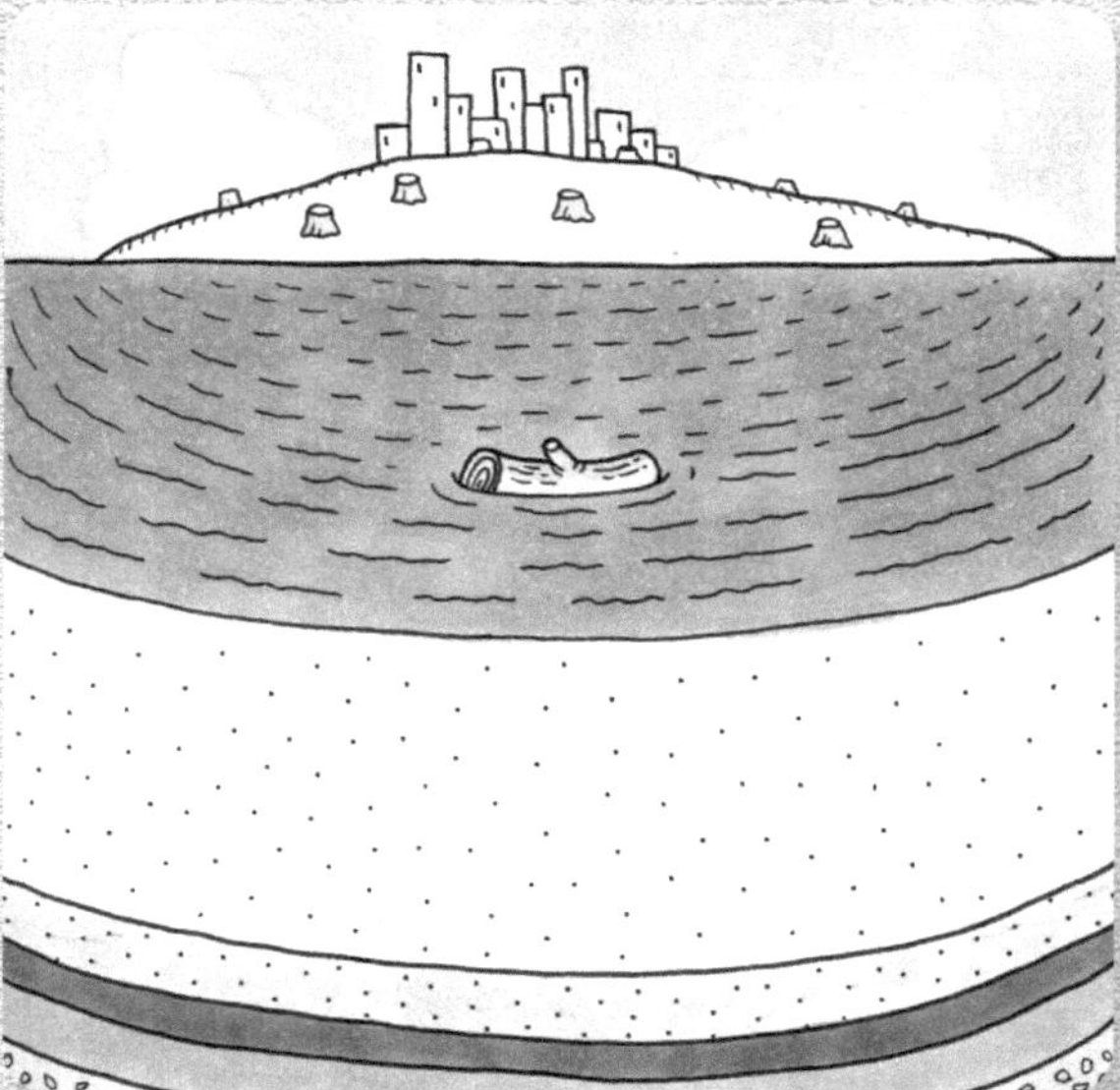

1　白いペンキを塗ったような岩盤

消える海中林

沿岸海域で海藻や海草が繁茂している海域を海中林ということはすでに述べた。ワカメやホンダワラは北海道から九州まで生育しているが、くわえて北海道では寒流系のコンブが、東北の一部を除くと、本州では暖流系のアラメ、カジメ、ヒロメなどが生育している。アマモは北海道から沖縄まで生育しており、沖縄ではジュゴンの餌となっている。アマモは種子で繁殖するので、海藻より高等植物ということができる。

海草のスガモは寒帯で岩盤に砂泥が堆積した場所で生育する。砂場とか泥場というが、粒径が、二ミリメートル以上は礫《れき》、二～〇・二ミリメートルは粗砂、〇・二～〇・〇二ミリメートルを細砂、〇・〇二～〇・〇〇二ミリメートルをシルト、それ以下を粘土という。

アサリの潮干狩りを行う干潟は、細砂以上の粒径である砂質干潟のため、足が埋まることはない。一方、有明海は泥質干潟で、ムツゴロウはこの泥質干潟でないと生きられない。ここでは潟スキーがないと、足が泥に埋まって歩くことはできない。

アマモは日本全国で生育している海草であるが、枯死してしまった沿岸が多くなっている。枯死した理由は明らかでない。昨今、アマモを移植する試みがなされているが、生き物の環境を研究している立場からすると、枯死した原因がわからずに移植しても、また枯死するのではないかという、極めて単純な疑問がわいてくる。それは次に述べる、石灰藻に覆われた岩盤や岩に海藻を再生できないのと同じことのように思える。

石灰藻が作り出す不毛地帯

石灰藻は学術的には、紅藻綱サンゴモ目サンゴモ科エゾイシゴロモという海藻の一種で、世界じゅうの沿岸に見られる。海藻といってもコンブやワカメなどのような葉のある海藻ではなく、石灰質が多量に沈着しているため、白いペンキを塗布したような状態である。

第1章で磯焼けの概略を述べたが、磯焼けとは岩石や岩盤から海藻が消滅した現象をいう。暖流水の接近によって、あるいは数マイクロメートルの粘土鉱物が海藻の葉に付着することによって枯死したのも、石灰藻が岩や岩盤を覆って海藻が生育できない現象も磯焼けという。

暖流水や粘土鉱物の付着による枯死では、その要因がなくなれば再び海藻が繁茂する。それに対し、石灰藻に覆われると半永久的に海藻は生育しないので、これらは明確に区別するべきだと

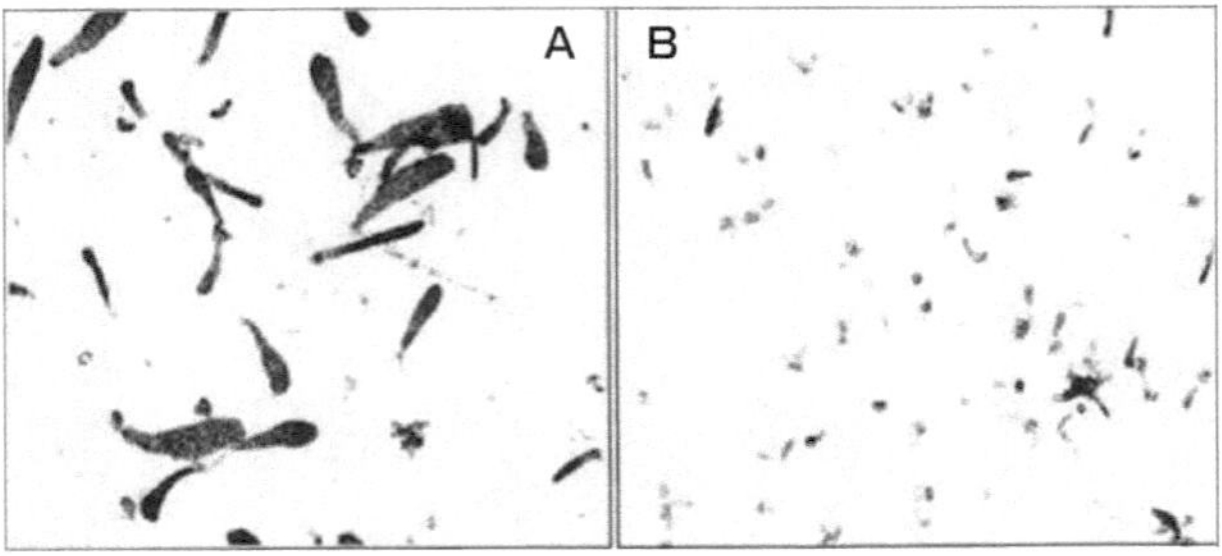

写真3-1　コンブの胞子実験

A：アルコールのみを添加した場合、B：石灰藻の分泌物を含むアルコールを添加した場合。

私は考えている。

現在、北海道の日本海側を中心として進行している現象は後者のほうで、石灰藻が岩盤を覆ってしまっている。石灰藻が覆った岩石や岩盤は、他の生物がいっさい着床できない不毛の世界である。石灰藻上に付着生物が何も生育しない理由は、石灰藻が分泌する物質によって、ワカメ、コンブなどの胞子やフジツボなどがすべて殺されるからである。

実験の詳細は省略するが、石灰藻の分泌成分をエタノール（アルコール）で抽出し、コンブの胞子にアルコールだけを加えた場合と、抽出成分を含むアルコールを加えた場合の結果を写真3－1に示した。写真3－1Aはアルコールのみ、Bは抽出物質を含むアルコールを添加した場合である。抽出物質を含む場合には、コンブの胞子は死滅するが、アルコールだけを添加した場合には胞子は成長する。

このことから、石灰藻上に着床したコンブなどの胞子はすべて殺されるものと思われる。石灰藻も光合成生物であり、太陽光が遮られると生きられない。このため、表面に着床する異物をすべて殺すのであろう。通常なら海藻やフジツボ、カラス貝、カキなどがびっしり着床している沿岸の岩や石、岸壁なども、石灰藻に覆われていると泳いでも海藻が足に絡むこともないし、貝の殻で足を切ることもない。泳ぐには安全といえるかもしれないが、しかし本来の海の姿とはいえない。私はこの現象を海の砂漠化（シーデザート）と呼ぶことを提唱している。

砂漠化は北海道の日本海側が顕著だ。河川水の影響する海域や、沿岸に道路がなく船でしか行けないような海域には、コンブなどの海藻が繁茂している地帯も残っているが、全体では数百キロメートルにわたり連続して砂漠化している。日本海側が顕著に砂漠化している理由は、山の保水力がなくなったため、流入する河川、小川、沢水の水量が減少または消滅したことによる。河川水が海を覆わなくなったのである。詳しくは次節で述べるが、砂漠化した海水の微量元素と化学成分の濃度は外洋水とほとんど同じで、陸水の影響をほとんど受けていないことがわかる。

北海道同様石灰藻に覆われ、ウニ、アワビの漁獲量に影響していると思われる日本海側の県には、青森県、秋田県、福岡県、長崎県などがある。ただし北海道のように大規模な砂漠化は起きていない。本州の太平洋側では、青森県、岩手県、宮城県、静岡県、三重県、和歌山県、高知県、宮崎県、鹿児島県などに砂漠化がみられ、全国では一〇〇〇キロメートルに及ぶと推測されている。

なお、宮城県の太平洋側に位置する気仙沼湾の沿岸は海藻地帯であるが、そこから四〇キロメートルほど南に位置する雄勝湾の沿岸は石灰藻に覆われ砂漠化している。同じリアス式湾だが、両湾には決定的な相違がある。気仙沼湾には大河川が流入しているのに対し、雄勝湾にはほとんど河川水が流入しなくなったのだ。河川水量の減少や水なし川は、第1章第5節で述べたように、森林が人の手によって守られていないために全国で見られる現象である。

2　海の砂漠化はどうして起こったか

食害説

石灰藻が拡大した理由として、これまでいくつかの説が唱えられた。その中でも、半世紀にわたり海藻を扱う研究者が主張しつづけてきた説がある。ウニやアワビなどが海藻の芽を食べてしまい、その結果石灰藻が拡大したという食害説である。最初に結論を述べてしまうが、この説は間違いであり、食害説にもとづいた対策では現在にいたるまで何も解決していないのである。

石灰藻も胞子、あるいは果胞子（受精卵）を放出し、岩や岩盤など固い物質には何にでも着床し広がる。その成長速度は一年に数ミリメートルと遅いが、無数の胞子や果胞子が巨岩に着床するため、巨岩といえども一〜二年もたつと、すべて石灰藻で覆われてしまう。まずこのことを頭に入れていただきたい。

石灰藻が拡大しはじめたのは昭和三〇年代に入ってからだが、それより以前の日本海には、ウニ、アワビが無数に生育し、コンブやワカメも人が泳ぐことができないほど生い茂っていた。日本海側で育った年輩の方の話では、子ども時代には素足で海に入れなかったという。つまり、足の裏にトゲがささるほど多くのウニがいたということだ。

当時は冷凍技術や水産流通が発達していなかったので、地元の漁師が家族で食べるだけしか採取しなかったが、冷凍設備の登場で大量のウニが水揚げされるようになった。獲れば獲るほど儲かるということで、漁獲高が急上昇したのである。こうしてウニの資源が減少し、それと時期を同じくして、石灰藻が岩や岩盤を覆いはじめたのである。ウニが海藻の芽を食べたのが原因なら、ウニが無数に生息していた半世紀以上も前から岩や岩盤は石灰藻で覆われ、コンブが減少していなければならない。

日本海には対馬暖流水が流れており、その六割程度は津軽海峡に流入し、残りはそのまま北海

図3-1　日本海を北上する対馬暖流水の流れ
海峡側に多くの沢水が流入している。

道沿岸を北上する（図3－1）。北海道の海峡側は現在でもコンブを主とする海藻地帯で、ウニも無数に生育している。一方、同じ対馬暖流水系にある日本海側や対岸の青森県側は砂漠化している。

海峡側、日本海側のコンブ、ウニの漁獲量の経年変化を図3－2、3－3に示した。なお、ウニに比べるとアワビは極めて少ないので考慮していない。またウニについても、一九六〇年以前は商業レベルで採取していなかったためデータはない。一九八三年以後は太平洋側でコンブが養殖されはじめ、天然物と養殖物の区別が困難になったため以後のデータは使用しなかった。

これらのグラフから明らかなように、一九六一年以降、日本海側では石灰藻が拡大したため、捕獲されたウニが急激に減少している。当然、収穫されるコンブも減少している。つまり、これらの現象は、石灰藻が岩盤や

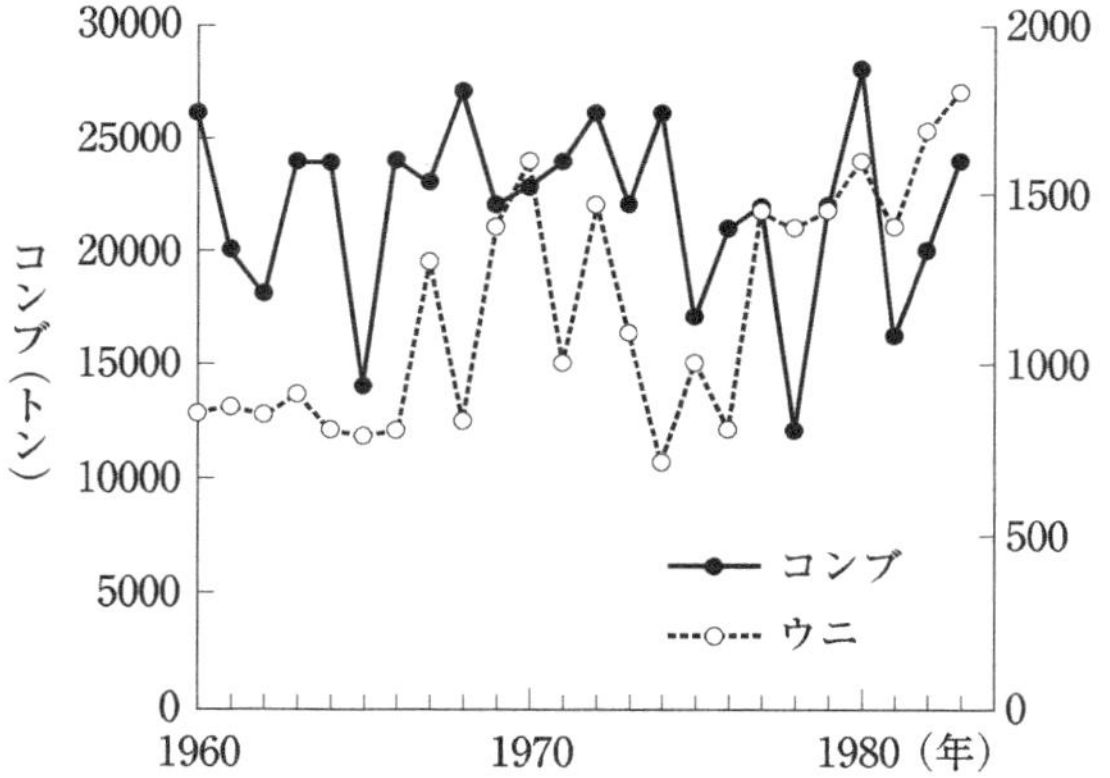

図３-２　津軽海峡側におけるコンブ、ウニの漁獲量の経年変化
（漁業・養殖業生産統計年報、農林水産省統計部）

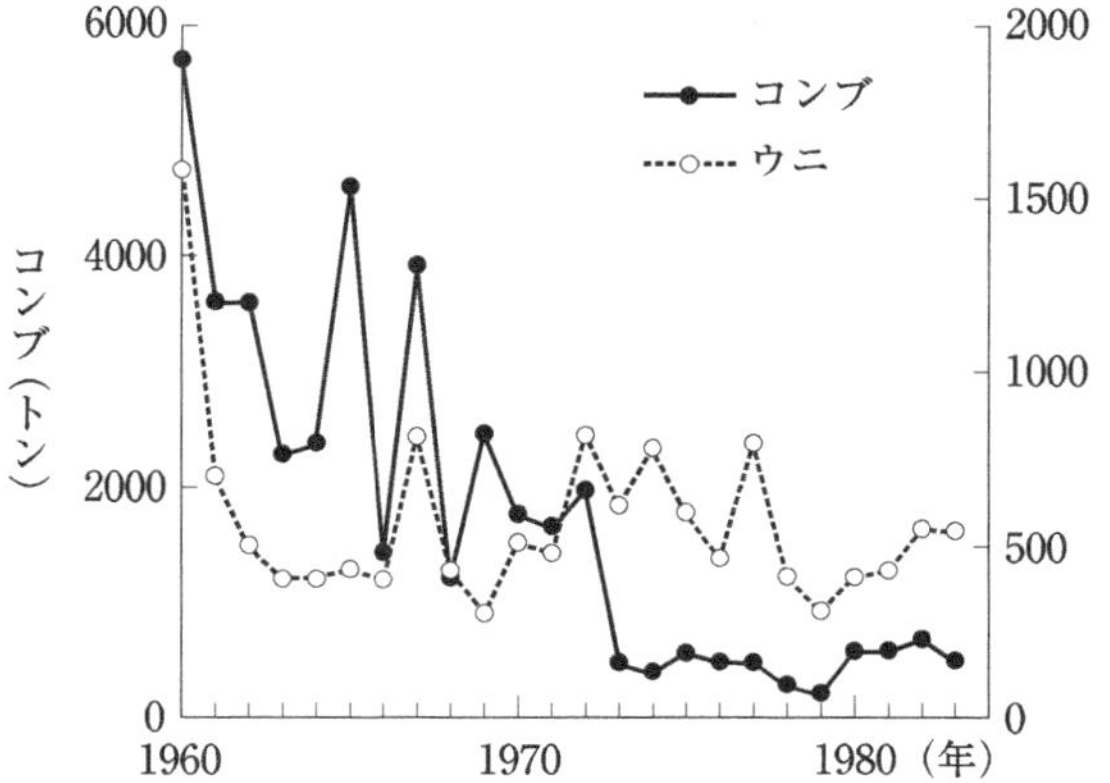

図３-３　日本海側におけるコンブ、ウニの漁獲量の経年変化
（漁業・養殖業生産統計年報、農林水産省統計部）

写真3–2　河口の自然石
石灰藻は着床していない。

岩を覆ったことに起因している。一方、同じ暖流水系である海峡側では、石灰藻に岩や岩盤が覆われていないため、年変動はあるもののウニもコンブも減少していない。

さらに、海藻の芽が食べられるとなぜ石灰藻が岩や岩盤を覆うのか、これまでの食害説では説明がなされていない。海には海藻が着床していない岩や岩盤はどこにでも存在しているが、すべてが石灰藻に覆われ白くなっているわけではない。北海道の日本海側であっても、河口域では海藻のホンダワラが生育している石もあり、海藻が生育していない石でも石灰藻は着床していない（写真3－2）。このように、食害説では説明できない現象があることを理解していただけたと思う。

北海道の人は新聞で、ウニを除去したらコンブが生育したとの報道をよく見たと思うが、現場を長年見てきた私はとてもそれを信じることはできない。前節で述べたように、石灰藻上では着床した胞子は殺されるため、コンブなどの海藻はまったく生育しないからである。

また、全国にウニ、アワビの種苗センターが建設されており、大量の稚ウニ、稚アワビを生産し海に放流している。食害というなら大量の稚ウニ、稚アワビを放流してはいけないのではないか。まったく整合性がないのである。

水温上昇説

かつては海水温の上昇が砂漠化を招いたとする説もあった。石灰藻は暖流水系の藻類であるため、北海道沿岸の水温が地球温暖化により上昇したからではないかというのである。地球の平均気温は、一〇〇年で〇・七℃上昇したといわれている。しかし、かりに海水温も同様に〇・七℃上昇したとしても、水温上昇では砂漠化を説明することはできない。

北海道は本州に比べて高緯度に位置しているため、東京近辺に比べ水温は少なくとも五℃は低い。つまり、北海道の水温が〇・七℃上昇したとしても、本州に比べたら極めて水温は低いのだ。水温の高い東京湾、伊勢湾、大阪湾、伊豆半島、瀬戸内海、佐渡島などでは種々の海藻が繁茂しており、天然のアワビ、ウニ、サザエを食することができる。

伊勢市では、市内を流れる宮川の河川水が影響している岩場でアワビを採取し、伊勢神宮に毎年奉納している。海女といえば女性の仕事であったが、昨今三重県の太平洋側では、若い男性が海女の仕事を始めている。アラメなどの海藻が繁茂しているため、アワビ、サザエの採取で生活できるからである。

このように、水温の上昇が原因なら本州の沿岸の岩や岩盤はすべて石灰藻に覆われ、アワビなど海藻を餌としている貝は生育できないことになる。第1章・写真1－16で示したように、水温の高い三重県の三浦湾でもアラメが生育しているのだ。

水温の低い北海道から石灰藻が拡大したことからも、水温上昇ではまったく説明できないのである。

なお、大河川が流入している東京湾、伊勢湾、大阪湾、瀬戸内海などの沿岸に石、コンクリート礁、鋼鉄礁などを沈設すれば海藻は生育する。海藻の胞子がなく海藻が生育しない場合でも、石灰藻が着床することはない。

石灰藻拡大の真の原因

結果は数ページで書けるが、ここにいたるまでには二〇年以上もの年月がかかっている。この

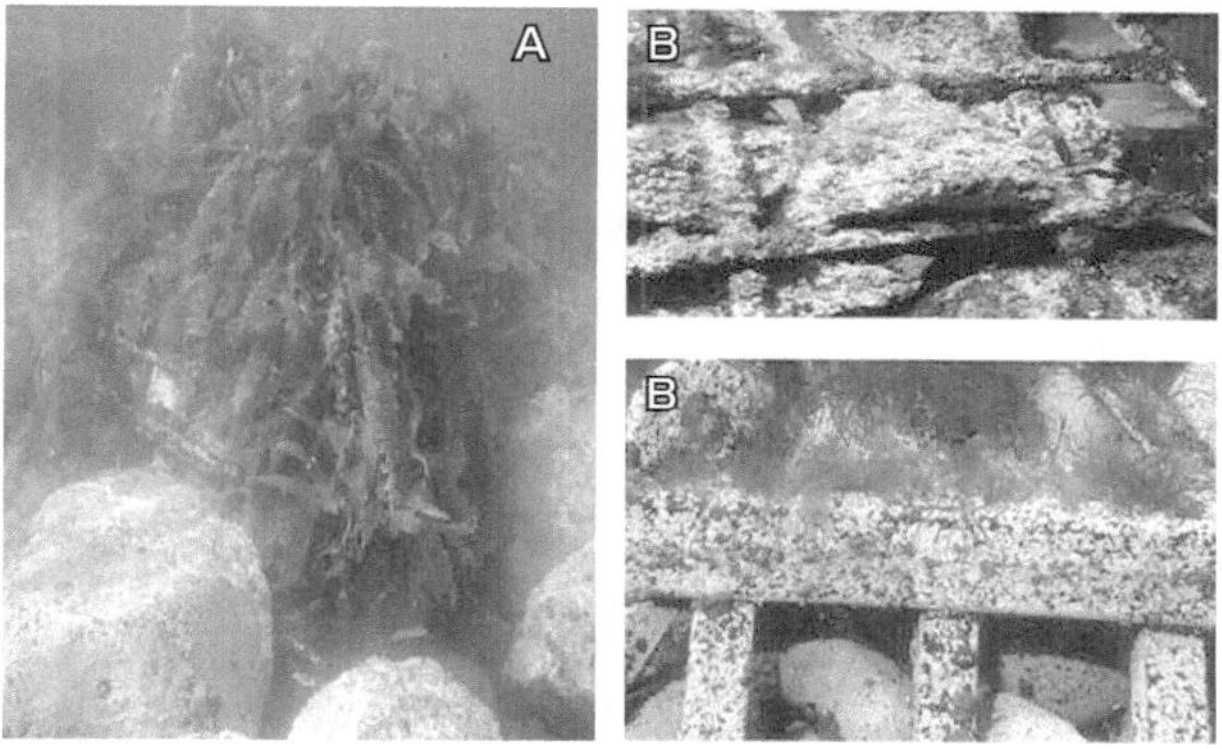

写真3-3　鋼鉄礁によるコンブの生育実験
A：実験開始1年目、鉄枠にコンブが繁茂している。
B：2年目、石灰藻が着床しコンブは生育しなくなる。

間、多くの危険をともなった。多くの学生、職員に雪が舞う真冬の海に潜ってもらうなど、危険をかえりみず協力いただいたため、原因を解明することができたのだ。砂漠化した沿岸の再生も可能になったが、再生事業で得られた益金は社会福祉に寄付し、協力いただいた皆さんに感謝をしたいと私は思っている。

われわれはまず次のような実験を行った。

砂漠化地帯は外洋と同様、鉄がほとんど存在していない。前述のごとく、光合成生物は先に鉄を取り込まないと、窒素、リンを摂取できない。この事実から、鉄の供給がないことが砂漠化の原因ではないかと考えた。

そこで、鋼鉄で作った礁を砂漠化した海域に沈めた。鋼鉄を沈めて鉄イオン（Fe^{2+}）を供給する化学的なしくみは、第2章で紹介した海ぶどうの養殖で述べたとおりである。

実験の詳細は省くが、鋼鉄礁から二〇メートルの範囲にFe^{2+}は拡散し、この範囲に生育している光合成生物は容易にFe^{2+}を取り込めることがわかった。その結果、実験開始一年目には写真3－3Aに示すようにコンブが繁茂した。しかし、二年目から石灰藻が礁に着床しはじめ、コンブなどの海藻は繁茂しなくなる（写真3－3B）。この理由は先のアルコールによる抽出実験で説明したとおりだ。鉄には石灰藻を防ぐ効果はまったくないことが判明したのである。この結論にいたるまでには一〇年を要した。

その後は、鉄粒子に吸着（共沈）すると考えられる、種々の元素や化学物質を用いて試行錯誤を繰り返した。その結果、腐植物質が石灰藻の胞子の成長を阻害することが明らかになった。石灰藻は読んで字のごとく主成分は炭酸カルシウムである。石灰藻の胞子に、腐植物質を添加すると炭酸カルシウムの結晶形成を阻害するため胞子は死滅するが、腐植物質を加えないと、胞子は成長する（写真3－4）。この発見は一九九四年に北海道新聞で報道され、写真3－1、3－4の結果はそれぞれ一九九八、一九九九年に国際誌に掲載されている。

河口域や河川水の影響する範囲では、石灰藻が拡大しないで海藻が繁茂する。その理由は、森林から腐植物質が流入しているからである。北海道の日本海側でも河口域には海藻が繁茂している（写真3－5）。また、海峡側の沿岸は落葉樹で覆われ、数百メートルの間隔で沢水が沿岸に流入し、海の表層を覆っているのである。

半世紀前、全国どこでも河川、小川、沢水の水量は多く、常に河川水が広範囲に海を覆っていた。これが、磯焼けの拡大を防止していたものと思われる。昨今では、大雨のときには大量の河川水が一度に海に流入するが、腐植物質を含まない蒸留水がいくら海に流入しても意味がないのである。

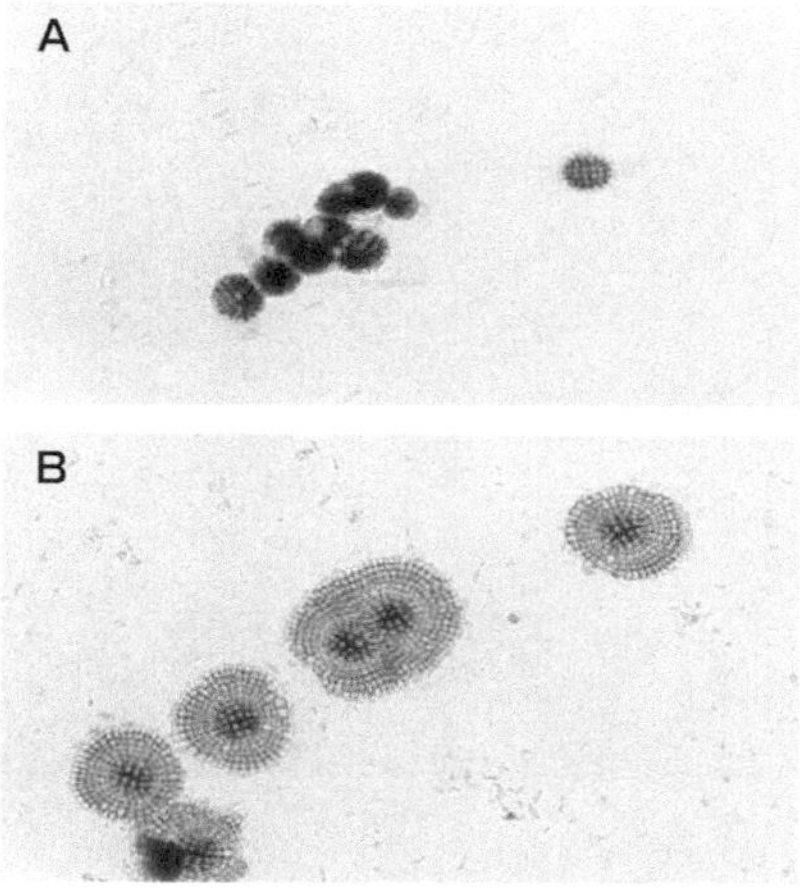

写真3-4　石灰藻の胞子の生育実験
A：腐植物質を加えると胞子は死滅（3日後）。
B：腐植物質を加えないと胞子が生育（10日後）。

北海道の道南に位置し、日本海に面する上ノ《かみの》国《くに》町が、同じ日本海側の沿岸の町に働きかけ、大々的な植林を始めている。時間がかかると思われるが、コンブが生育し、ニシンが群来《くき》する沿岸に再生できるであろう。

なお、熱帯地方でも河川が流入している海域ではサンゴは生育できない。河口に岩や岩盤があると、サンゴでは

写真3-5　北海道道南における日本海側河口域の様子

上：見市《けんいち》川河口、下：後志利別《しりべしとしべつ》川河口から沖合1キロメートルの岩盤。いずれも海藻が繁茂しているのがわかる。

なく海藻が繁茂している。サンゴも石灰藻同様、主成分は炭酸カルシウムだからである。なお、先に述べたように、サンゴ礁も海藻同様魚介類を育む大切な場である。

二〇〇四年に韓国のテレビ局（韓国教育放送公社）が取材と撮影のため、私に会いに来た。韓国でも日本海側は砂漠化しており、本書（旧版）を読んで森林の重要性を韓国国民に啓蒙するための番組制作が目的であった。私も三日間、三重県内での撮影に協力した。その後、韓国で四五分番組として二回放映したとの手紙とそのビデオが届いた。それを見ると、韓国の日本海側でも河口域には海藻が繁茂しているが、その他の海域は砂漠化しており、日本と同様の現象であった。

さらに、韓国に関連した事項として、韓国でテレビ放映されたためか、講談社を通し、韓国の全南国立大学出版部から、本著を韓国語版で出版したいとの申し出があり、二〇一五年に出版された。韓国でも植林の輪が広まれば、望外の喜びである。

沿岸の再生は次世代への責務

前述のように、海藻、海草、サンゴ礁は産卵の場、稚魚、エビなどの生育の場として極めて重要である。にもかかわらず、埋め立てなどで、さらにそれら生育の場が減少している。

世界のマングローブの半分が消滅したが、それは燃料、家屋材の資源採取、宅地、リゾート地、エビ養殖池、工場の開発などが目的だった。これまでの日本の埋め立ても、われわれの生活レベルの向上に貢献しており、すべての埋め立てを単純に批判することは適当でないかもしれない。しかし、有明海（諫早湾）の干潟、先に述べた沖縄泡瀬干潟など、国民がおかしいと思う埋め立ては、われわれや次世代に負の遺産を残すにすぎないと多くの人は感じはじめている。

遠からず気候変動、人口増などにより食糧不足の時代がやってくると多くの人は考えているが、それに備えるためにも、これ以上魚介類の生育の場である藻場やサンゴ礁を埋め立てなどにより減少させないことである。さらに、日本だけで一〇〇〇キロメートルに及ぶ砂漠化した沿岸を再生させることではないだろうか。

熱帯や亜熱帯では、サンゴ礁が魚介類を育てる藻場である。沖縄県ではサンゴが白化した海域にサンゴを移植し、サンゴ礁を再生させることが行われている。しかし、地球温暖化が今後も進行することを考えると、海水の鉛直混合がない（暖かい表層水と冷たい下層水が混ざらない）年には、付近の海水温が三〇℃を超え、せっかく移植したサンゴも白化するであろう。

サンゴ礁の埋め立ては負の遺産を後世に残すが、サンゴのさらなる白化を防ぐことに国や自治体が取り組めば、税金の生きた使われ方になる。海水の鉛直混合が起こらず、水温が上昇すると判断したときには、水深五〇メートル以深の冷たい海水を汲み上げサンゴ礁に放水すれば、冷たい海水は下に沈み、サンゴの白化を防ぐことが可能だろう。このような施設を建設するのには誰も反対しないし、次世代からも賞賛されるだろう。血税を自然破壊と思われることに使っていては、われわれは次の世代から恨まれることになるだろう。なお、サンゴは二酸化炭素を固定する重要な働きもしているのである。

今後、地球温暖化は進むと考えなければならないが、そうなれば干魃《かんばつ》や洪水が多発し穀物が不足するであろう。畜産業にも影響は及び、いつまでも牛肉を食することはできないと考えるべきではないか。次世代は、戦前や終戦直後のように、動物性タンパク質は魚介類から摂取しなければならない時代になる可能性は大きい。

子どもや孫が動物性タンパク質に困らないよう、魚介類の豊かな海、川、湖に再生させることが、今生きている私たちの責任であり義務ではないだろうか。

第4章
海と人間のかかわり

1　生物から見た海

海の食物連鎖

人間が生存できるのは、もとをただせば光合成生物が存在するからである。それは陸では、草、穀物、樹木であり、海では植物プランクトン、海藻である。

植物プランクトンは、ケイ素の殻を有するケイ藻と、殻のない鞭毛藻に大別できる。食物連鎖をケイ藻から始めると魚につながり、鞭毛藻ならクラゲにつながるといわれている。

ケイ素の起源は岩石に限られるが、窒素やリンは輸入している食糧、飼料、肥料に含有されているため、河川、湖、海に流入する量が多く、ケイ素に比べてその濃度も極めて高くなる。そのため、ケイ素不足でケイ素の殻を必要としない鞭毛藻が優占種となる。人間の生活レベルが向上すると、この傾向が強くなるため、鞭毛藻が優占種となりクラゲが多くなる。

二〇〇五年、二〇〇六年、二〇〇九年に、日本海に南から大量のエチゼンクラゲが押し寄せ、漁業に多大の被害を与えた。経済成長している中国で鞭毛藻の赤潮が発生していることに、その要因があるのではないかと思われる。つまり、大陸側から富栄養化した河川水が日本海に流れ込

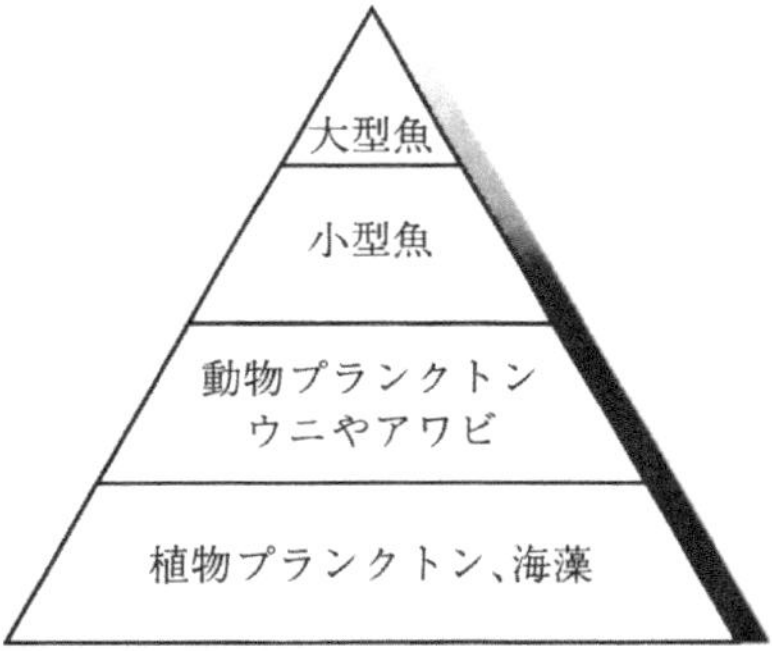

図４−１　海での食物連鎖

み、ケイ素に比べ窒素、リン濃度が高くなってしまったため、クラゲの成長に有利な状況になったのだと推測できる。

他方、ワカメ、コンブ、ノリなどの海藻類はわれわれに最も身近で、寒帯ではコンブが、暖流系ではアラメ、カジメなどが生育している。ワカメ、ノリは沖縄以外の日本全国で生育している。

海での食物連鎖を図４−１に示した。植物プランクトンを動物プランクトンが、海藻を貝が捕食し、それらを小型魚が捕食し、小型魚は大型魚に捕食されるという連鎖になっている。植物プランクトンとそれを食する動物プランクトン、動物プランクトンと小型魚の量比はいずれも一〇対一の関係である。したがって、魚を増やすためには、そのもととなる光合成生物（植物プランクトン）を大量に増やすしか方法はない。地球で生存可能な人間の数（人口）も結局は光合成生物によって決まるといえる。

海にも桜が咲く

春になると桜が一～二週間で満開になるように、海でも植物プランクトンが一～二週間で急増する時期がある。これを春に桜が咲くことになぞらえて、スプリングブルームと呼んでいる。北海道の道南地方の場合、三月下旬から四月初旬にかけてこの現象が起きる。植物プランクトンが増えるため、動物プランクトンも増え、魚も増えるという連鎖を生んでいる。

一般に魚は種によっても異なるが、冬期にだらだらと産卵する。何兆という卵が孵化するが、ちょうどスプリングブルームのときに孵化した稚魚は豊富な餌にありつけ、生き残ることができる。魚はスプリングブルームがいつ起こるかわからないので、だらだら産卵しておけばどれかはその時期に当たる、という戦略なのだろう。こうした自然界の仕組みには感動を覚える。

なお、サケも秋になると産卵のため母川に回帰してくるが、これには早期群と後期群がある。その理由は、災害で早期群が全滅しても後期群が生き残れるという自然がなすわざかもしれない。

2　赤潮と青潮

海の富栄養化が引き起こす赤潮

赤潮とは植物プランクトンが異常に増殖する現象である。発生する植物プランクトンの多くが赤褐色をしているため、赤潮と呼ばれている。赤潮発生にともなう海水の変色は太古から見られており、一二〇〇年前、和歌山県沿岸の海水が血のような色に変わり、それが五日間も続いたという記録が残っている。季節は梅雨明け間近と見られている。陸の栄養素が大量に海に流入したのだろう。このように、赤潮発生は近年に始まったわけではないが、頻発するようになったのは高度成長以後で、原因は人間活動によるものである。

何十年にもわたって赤潮に関する調査・研究が行われ、赤潮発生の原因は、陸から過剰に流入する窒素、リンであることがわかっている。赤潮発生防止には、陸からの窒素、リン流入量を削減するか、第5章で述べるように発生海域に何十万トンもの海藻を養殖し、海藻に窒素、リンを吸収させるしかない。

日本では、太平洋側のほとんどの内湾で、春から秋にかけて赤潮が発生しているとみなしてよいだろう。ケイ藻赤潮もむろん発生するが、多くはケイ素の殻を有さない鞭毛藻である。先に述べたように、日本の沿岸海域ではケイ素に比べ窒素やリンの濃度は異常に高く、ケイ藻よりも鞭毛藻が優勢になりやすいからだ。夜間に青色の蛍光を発する渦鞭毛藻の一種である夜光虫も発生する。

ひとたび赤潮が発生すると、その海域では次のようなことが起こる。

死んだ赤潮（植物プランクトン）は海底に沈積し、バクテリアによって分解されるが、分解には底層水の溶存酸素が使われる。赤潮の発生規模によるが、大量に発生すると、そのまま大量沈積した赤潮の分解のために酸素が消費されてしまう。上層の暖かい水と底層の冷たい水とはほとんど混合しないため、酸素は表層から供給されない。酸素が多少残存していれば貧酸素状態に、完全に消費されれば、無酸素状態になる。一般に酸素濃度が一リットル当たり三ミリグラム以下になると、底生生物は生存できない。さらに無酸素になると、溶存酸素の代わりに硫酸塩の酸素が赤潮の分解に使用されるため、硫化水素が発生し、海底土は黒色のヘドロになる。

底生生物がいなくなると、底生生物を餌にしている魚は餌がなくなるため減少することになる。つまり、食物連鎖が成り立たなくなることを意味している。底層の無酸素状態を引き起こす要因物質は、海で生産される赤潮か陸から流入する未処理の家庭雑排水である。悪臭、ヘドロ化している河川もあるが、これらの原因も家庭雑排水などが流入し、無酸素化しているからである。水中に酸素が存在する限り、悪臭物質やヘドロは生成されないから、雑排水を処理することである。

また、赤潮となる植物プランクトンが毒素を生産することで、魚介類に直接被害を及ぼすこともある。日本の内湾で発生したヘテロカプサという赤潮種は、一九八〇年代後半に突然出現した。魚類、エビ、カニには被害を与えないが、二枚貝であるカキ、アサリ、アコヤ貝を死に至らしめる。広島湾では養殖カキに、三重県の英虞《あご》湾では真珠養殖の母貝であるアコヤ貝に大きな被害を与えた。なぜ、二枚貝にだけ害を及ぼすのか不明だが、これまでの有毒赤潮とは異なる毒性を有する赤潮種であるようだ。

下水処理率が向上しているため、日本での赤潮発生回数は減少しているが、赤潮発生がなくなったわけではない。現在でも東アジア、東南アジアなどで頻発している。

硫化水素が発生する青潮

東京湾では、湾内の海底土を埋め立てに使用したため、図4-2aのようにあちこちに窪みがある。大発生した赤潮はこの窪みに堆積し、溶存酸素により分解を受ける。暖かい表層と冷たい

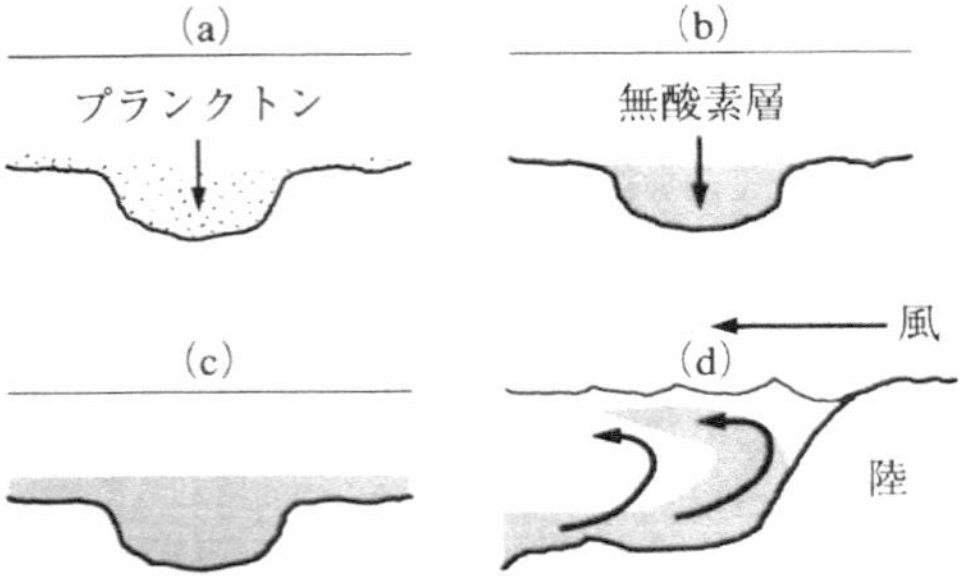

(a) 海底の窪みに死んだプランクトンが堆積した状態
(b) 無酸素層の出現
(c) 無酸素層の拡大
(d) 無酸素層の表層への移行

図4-2 東京湾で青潮が発生するしくみ

下層とは台風でも来ないかぎり混合しない。そのため、酸素のない底層水が徐々に拡大する（図4-2b、c）。図4-2dのように、湾奥から沖に向けて強い風が吹くと、表層水は沖に流され、その表層水を補うため、酸素のない底層水が表層に上昇する。無酸素の水に魚が巻き込まれると魚は死ぬ。これを青潮と呼んでいる。

なぜ青潮と呼ぶかというと、無酸素状態になった海底では前述したように硫化水素が発生するが、無酸素水が表層に移動すると硫化水素は大気の酸素で酸化されるため、コロイド状イオウが生じる。これが乳白色や青色に見えるため青潮と呼ばれている。なお、酸化には鉄が関与している。

東京湾以外でも大阪湾、三河湾、瀬戸内海など、海砂を採取した海域で発生する確率が高い。

赤潮発生は陸からの栄養塩の負荷によるものであるが、沿岸の埋め立てに湾の海砂を使わなかったら、このような青潮も発生しなかっただろう。

アオコはカビ臭の原因

写真4−1　アオコ（淡水赤潮）

湖ではミクロキスティスという青緑色の植物プランクトンが増殖し、それが粥《かゆ》状になったものをアオコと呼んでいる（写真4−1）。湖沼の場合、淡水赤潮とか「水の華」と呼んでいる。このアオコはカビ臭の原因になる。上水道に湖の水を使用している市民にとっては重大な関心事である。

また、大腸菌などの殺菌のために塩素系薬剤が使用されている処理場では、有害物質であるトリハロメタン、トリクロロエチレンなどの化学物質も生成される。また、水源の汚染がひどいと大量の塩素系薬剤を使用するため、カルキ臭（塩素臭）が強く出る水道水も多い。そのため、最近ではペットボトルの水を購入する人が多くなっている。

なお、処理の際に用いられる塩素系薬剤により、モノクロルアミン（NH_2Cl）などの化合物も生成され、これらが養殖ノリに影響するため、ノリの養殖ができなくなった海域もある。このため現在では、紫外線照射による殺菌方式に代わってきている。

一方で、窒素やリンを除去する高次処理はまだ多くは行われていない。高次処理を行うのが赤潮やアオコを防ぐには最適であることはわかっているが、処理には多額の費用がかかるためである。琵琶湖に処理水を放流する処理場では、高次処理まで行ってはいるが、それでもアオコが発生するときもある。処理場を通らない汚水が流入するからであろう。

3　北の海にはなぜ魚が多いのか

深層大循環

世界に生息する魚種は三万種といわれており、日本近海では三五〇〇種、北の寒流系の魚は三〇〇種程度といわれている。種類は暖流系のほうが格段に多いのだが、魚の量は圧倒的に寒流系の北が多い。北の海に魚が豊富なわけは、ケイ素などの栄養塩が豊富にあるため植物プランクトンのケイ藻が増え、それを食べる動物プランクトンが多いからだ。したがって、動物プランクトンを餌とする魚も多いという食物連鎖の結果なのである。

一次生産量（植物プランクトンの量）から、魚の量を南北で比べてみると、南は北に比べて約三分の一の魚しか生育できないことになり、北洋（北緯四二度以北の北太平洋）は南方に比べ数段魚が多いということになる。

この理由は深層大循環によるものである。大西洋グリーンランド付近では、冬期間の海水の密度は極めて大きくなる。重くなった表層水は四〇〇〇メートルまで沈降し、南下する。赤道を越えて、南極海の深層水と一部混合し、こんどは一年に四メートルの速度で表層に上昇しながら太平洋を北上する。大西洋で潜った海水は平均一〇〇〇年かかって北緯五〇度付近で表層に出てくる。

太平洋の中央部付近を南北に鉛直に切断し、硝酸塩濃度を示したのが図4－3である。北緯四二度では一リットル当たり二〇マイクロモルの硝酸塩は四〇〇メートルの深さにある。先に述べたように、光合成には太陽光が不可欠であるが、光合成が可能な水深は一〇〇メートル程度であり、いくら高濃度の硝酸塩が存在していても一〇〇メートルより浅くないと利用されない。しか

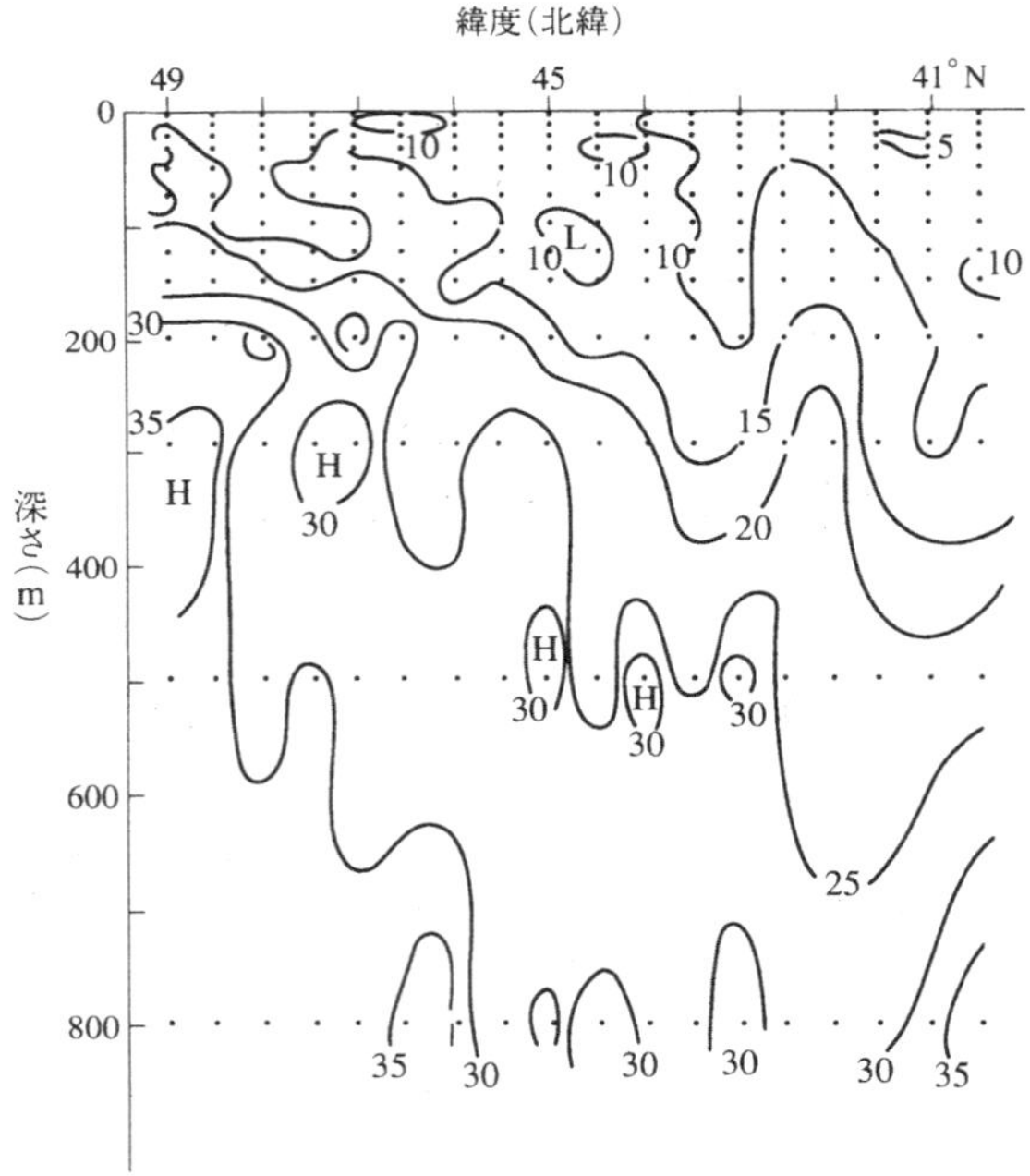

図4-3　北太平洋180度線上における硝酸塩の南北断面図(μM)

し、北緯五〇度付近になると二〇マイクロモルの硝酸塩は一〇〇メートル以浅に現れている。このように太平洋の北の海では、栄養塩が毎年下層から一〇〇メートル以浅に供給されているため、枯渇することなく高い生産力が維持されるのである。

下層からの栄養塩が供給される海域にペルー沖がある。ペルー沖はアンチョビ（イワシの一種）が豊富に獲れることで世界的に有名だが、これも餌となる植物プランクトン、動物プランクトンが多いためである。ペルーには陸から沖に向けて南東貿易風が吹き、このとき表層の海水は沖に流され、この海水を補うため栄養塩の濃度の高い中層水が表層に移行してくる。この現象を湧昇という。原理は東京湾の青潮と同じ現象であるが、異なる点は規模が大きいことと、この湧昇流には溶存酸素が含まれている点である。

サケが森を育てる？

カナダのトーマス・ライムヘン博士が発表したこんな論文がある。遡上するサケを熊が捕獲し、川岸で熊が食べ残したサケが分解され、分解で生じた栄養塩を樹木が取り込んで成長するという内容である。

窒素の安定同位体である^{15}Nと^{14}Nの比（デルタ^{15}Nという）を測定すると、樹木が取り込んだ窒素

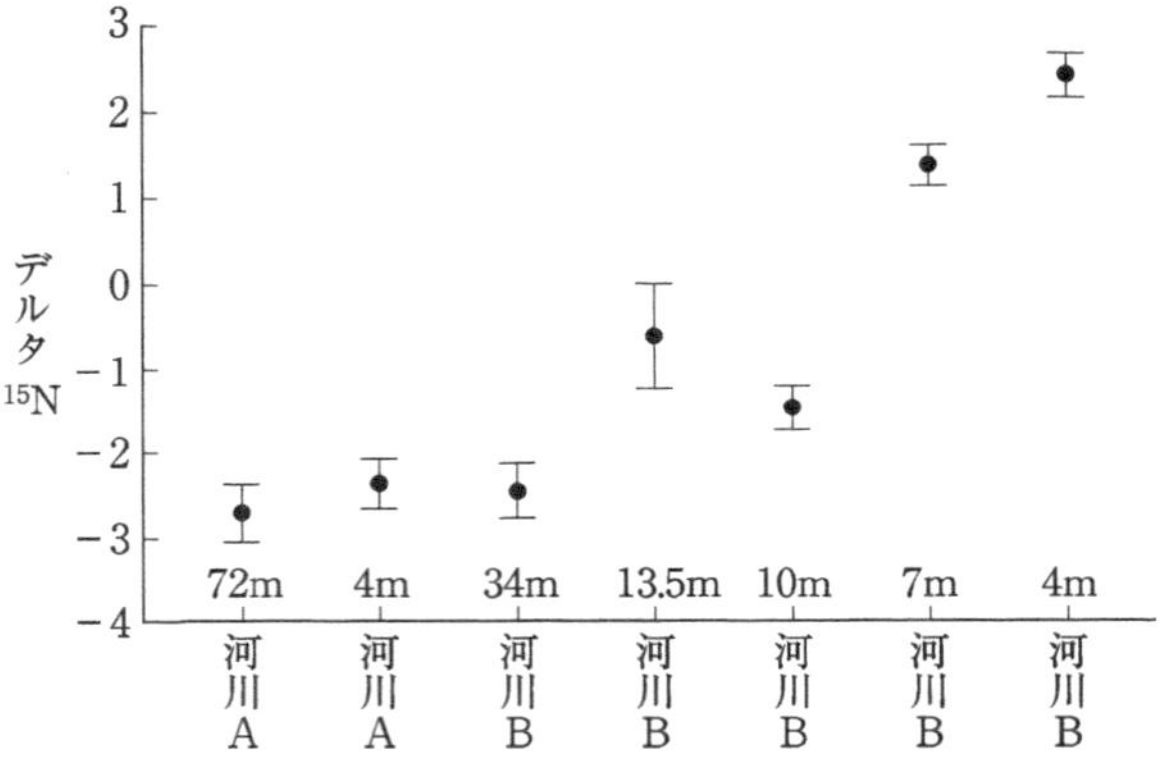

図4-4　バンクーバー島（カナダ）における樹木の窒素同位体比（デルタ^{15}N）

河川Aはサケが遡上しない川、河川Bはサケが遡上する川。それぞれの川岸に生育する樹木のデルタ^{15}Nを測定した。横軸の数字は川岸からの距離。

(Reimchen, T.E.: American Fisheries Society Symposium, 2002)

の起源を知ることができる。図4－4を見てほしい。サケが遡上しない河川Aでは、岸から四メートル離れた樹木と七二メートル離れた樹木のデルタ^{15}Nを測定したところ、その値はマイナス二・五前後でほぼ同じであった。つまり、樹木は枯れ葉の分解で生じた窒素や雨水の窒素を取り込み、同じ環境で成長していることを意味している。

一方、サケが遡上する河川Bの岸から四～一三・五メートルにある樹木のデルタ^{15}Nはマイナス二・五よりもプラスを示している。このことから、これらの樹木は熊が食べ残し分解されたサケの窒素を取り込んでいるとみなすことができる。デルタ^{15}Nは食物連鎖により、高次動物になるほどその値は大きくなる。ちなみにサケのデルタ^{15}Nは一一である。

同じ河川Ｂでも、三四メートル離れた樹木になるとデルタ^{15}Nはマイナス二・五となる。これは河川Ａと同じ値であるから、サケ由来の窒素は取り込んでいない。こうして、サケの窒素が影響する範囲が特定され、熊は岸からおよそ一五メートルの範囲内でサケを食していることがわかる。

日本でも早速この調査をした人がいたが、新聞ではサケが樹木を育てるという内容で紹介された。これでは読者は、サケが遡上しないと樹木が生育しないのではないかと錯覚するだろう。樹木は、落ち葉などから分解した窒素、ならびに雨に含まれている窒素を取り込んで成長するのであって、サケが運ぶ海からの栄養塩の供給はほとんど無視できる量である。

これと同様の現象は牧場でも見られる。山の樹木のデルタ^{15}Nはマイナス二程度であるが、牛糞などの影響を受ける牧場の樹木のそれはプラス二〜四である。牛糞のデルタ^{15}Nが六程度と高く、樹木が牛糞の分解で生じた窒素を取り込むためである。

サケや牛糞の影響を受ける樹木のデルタ^{15}Nは、このようなしくみでプラスになるのであって、サケが樹木を育てているわけではない。母川に回帰するサケの本来の役割は、人間の食料はむろんのこと、動物、鳥、昆虫などの餌となり食物連鎖を形成することなのだ。

写真4-2　北海道に接岸した流氷

豊かなアムール川と流氷

親潮について触れておこう。親潮は千島海流とも呼ばれる寒流である。この主な起源は、先の深層大循環で表層に現れた高濃度の栄養塩を含む海水である。また、アムール川の流入するオホーツク海も親潮の起源水になる。

なぜオホーツク海が凍結するかというと、アムール河川水の流入により、オホーツク海の表層塩分が薄くなるからだ。数十メートルの下層には密度の大きい重い海水が存在するため、塩分の薄い表層水と混合できないのである。そのため結氷し、二月ごろになると北海道オホーツク海沿岸に流氷として接岸

写真4-3　アムール川（江川正幸氏提供）

するのである（写真4－2）。

流氷は不純物を含まないと思われているが、じつは水に存在している化学物質を含有している。つまり、流氷はアムール川の栄養素の一部を閉じ込め、それを北海道の沿岸に運んでくるのである。流氷の表面ではアイスアルジーといわれる植物プランクトンが増殖し、それを捕食する動物プランクトン、小魚という食物連鎖が成り立っているのである。

最近、地球温暖化のためか接岸する流氷が小さくなってきている。このまま推移すれば、流氷は北海道に接岸する前に融けてしまうかもしれないと考えられているが、流氷が接岸しなくなったら、食物連鎖も成り立たなくなるため、北海道の漁獲量は激減するだろう。

私は一九九〇年にソ連崩壊まもないロシアに出かけ、ハバロフスク近辺の上空からアムール川を眺めたが、森林、湿地帯を流れるこの大河川は栄養塩、鉄を大量にオホーツク海に運んでいると確信した（写真4－3）。

そのときの調査では河川水を採取する予定であったが、うっかり採水瓶を忘れてしまい、現地で購入しようということになった。ところが当時はまだ食料品やエネルギーが不足し、軽工業が後れていたため、ポリエチレン瓶などあるはずもなく、長年続いた社会主義国家に対する認識の甘さを痛感した。

その後ハバロフスクからウラジオストクに移動し、ウラジオストクにおいても石灰藻が拡大しているのか観察するため、漁船をチャーターして離島に出かけた。途中、船を止めたので、何をするのかを尋ねたら、ここで魚釣りをするという。われわれは、多くの島を見たいからそんな魚釣りをしている時間はないと言ったのだが、船員は気にも留めず釣りを始めてしまった。

三〇分もしないうちに、数人の船員でカレイなど数十匹が釣れた。昼食には黒パンしかないので、魚を釣らないとおかずがなかったのだ。釣りをしなければならなかった意味がそのときわかった。旧ソ連時代は魚介類の漁獲は厳しく制限されていたようで、乱獲はされていなかった。不法な乱獲を止めれば、魚は豊富に存在するものだと思った。なお、現地の湾では石灰藻はほとんど見られなかった。

アムール川の役割についてだが、いずれこの推測を実証したいと考えていたところ、二〇〇五年ごろに北海道大学低温科学研究所により、少なくともオホーツク海には栄養素が運ばれていることが明らかにされた。

4　南の海のエチゼンクラゲとマングローブ

乏しい栄養塩

クラゲと海水中の栄養塩との関係について述べることにする。黒潮と呼ばれる暖流水の起源は南方の暖かい表面海水である（図4-5）。上層と下層で海水の混合が起こらないため、栄養塩の鉛直分布を見るとわかるとおり、有光層の栄養塩濃度は年間を通してほとんどゼロである（図4-6）。栄養塩をほとんど含まない海水を起源とする黒潮は、したがって栄養塩に乏しい水塊である。

ケイ藻が増えるにはケイ素が不可欠であるが、暖流水はケイ藻が増えない海水といえるだろう。本章の冒頭でも触れたように、食物連鎖の出発点がケイ藻の場合は魚につながり、出発点が鞭毛藻の場合はクラゲにつながるが、これを日本近海にあてはめると、親潮海域では主に魚が育

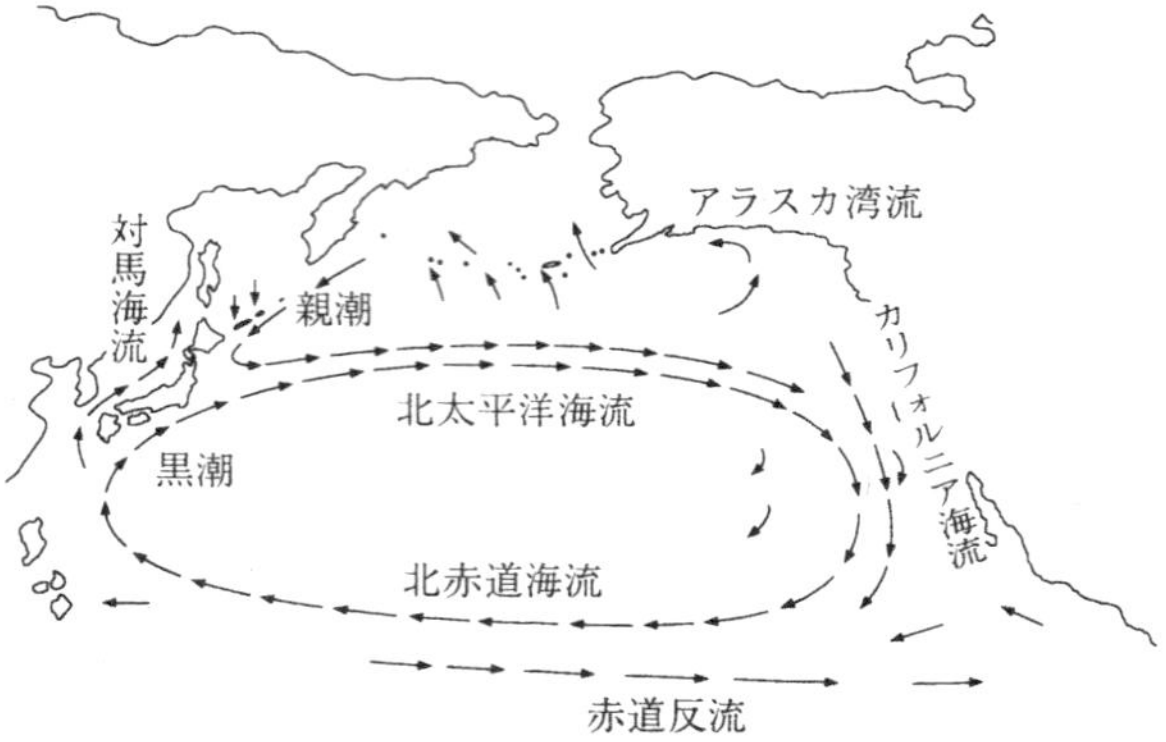

図4-5　北太平洋における表層水の流れ

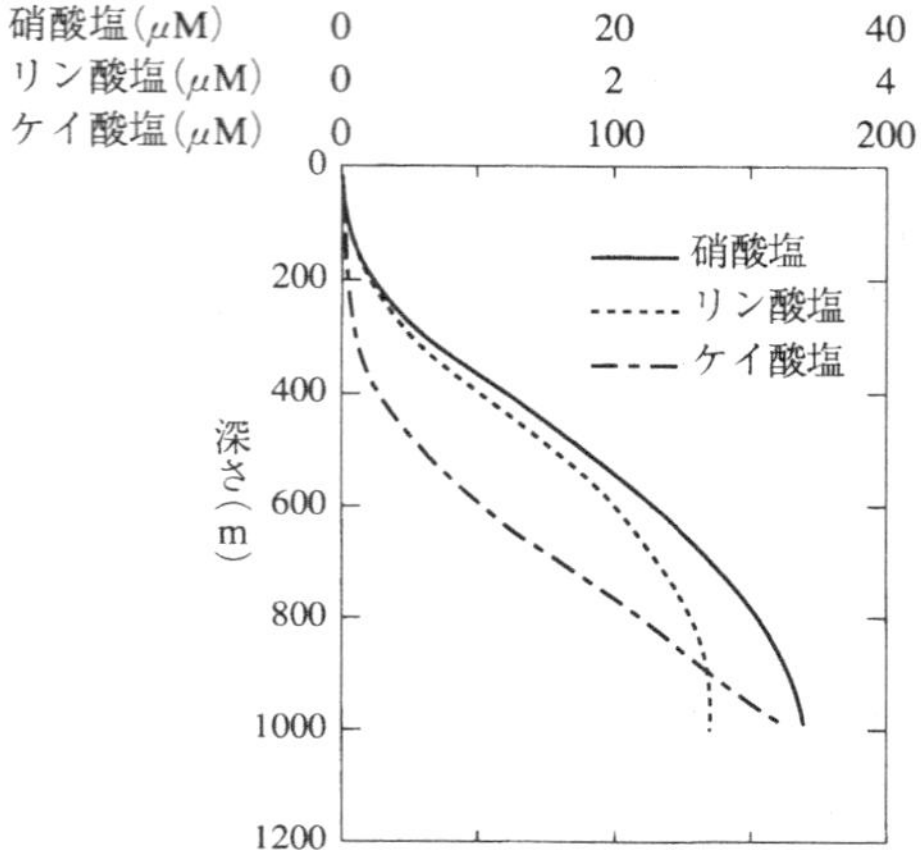

図4-6　南部北太平洋における栄養塩の鉛直（垂直）分布

ち、黒潮海域では主にクラゲが育つということである。

マングローブが支える食物連鎖

陸の森林を研究する以上、海の森林であるマングローブについてもぜひ調査・研究してみたいと常々考えていた。それが実現したのは、タイからやってきた留学生がその研究を希望したことがきっかけだった。

マングローブ林の調査には船が必要だが、船を出してくれる漁師との交渉や、調査現場まで行くガイド役として、現地のことがわかる人間がいないと難しい。さらに、タイのマングローブの樹木は七〇種もあり、それらの同定から現地の魚介類の種の同定まで、専門とするタイ人抜きには不可能であった。くだんの留学生はこれらの条件をすべて満たしていた。くわえて、ベトナムのサイゴン川流域での調査では、ホーチミン市にある研究所の人を紹介してもらえたので、それも可能になった。

タイではタイ湾に位置し、東洋のハワイといわれているパタヤから南東に七〇キロメートル、ラヨン県のバンペイ村というところにある東部海洋水産開発センターを主な拠点にして、そこから車で一時間程の場所にあるマングローブ林を中心に調査した。

写真4-4　マングローブの調査をする筆者

有明海の干潟にも調査で出かけたことがあるが、潟スキーといわれる道具なしでは干潟に入ることができなかった。足が泥に埋まってしまい、歩行できないのだ。そうした干潟に樹木が生育しているのが、マングローブ林だと考えればよい。したがって、有明海の干潟同様歩くのは困難だが、マングローブの根が縦横に張っているため、根の上を歩けば泥に足が埋まることはなかった（写真4－4）。

この調査・研究でわかったことは、マングローブの葉を有機炭素源とする食物連鎖ができていることだった。また、海岸までマングローブを伐採し、エビ養殖場が作られている場合、海は年中赤潮が発生している。つまり、エビ養殖場の汚水が海に流入し、富栄養になっているからである。

しかし、海岸から陸側に四〇〇メートル程度の幅でマングローブを残し、その背後にエビの養殖場を作ったところでは、赤潮は発生していなかった。その要因を調査したが、マングローブが養殖場から出る汚水を浄化していたのである。もともと干潟は汚水を浄化する機能を有していることから、当然の結果かもしれない。

デルタ^{15}Nを測定してみると、汚染されていないマングローブの葉では三・七だが、背後にエビ養殖池のあるマングローブの葉では五・二であった。エビの餌のデルタ^{15}Nが七・四と高いことを考えると、このことからもマングローブが汚水を浄化していることがわかる。

タイとミャンマーの国境に位置するアンダマン海沿岸のラノーンでも調査を行った。乾季のタイ湾側では一度もスコールに遭遇しなかったが、ラノーンでは乾季でも毎日一〜二時間スコールがあった。あるとき小船で調査していてスコールにでくわした。三五℃の暑さにもかかわらず、濡れたために体感温度はぐっと下がって寒いほどで、しかも大粒の雨が容赦なく顔面に降りそそぎ、痛みを感じた。雨が当たるのを痛いと感じたのは初めての経験であった。二時間辛抱したら、太陽がさんさんと輝き真夏に戻った。

スコールを経験したため次の結果を得ることができた。常時数キロメートル先まで沿岸は濁っており、太陽光が妨げられるため、植物プランクトンは増殖できない。しかし濁っていても、沿岸では落ち葉を炭素源として食物連鎖が成り立っている。また、沖に向かうにつれ濁りが拡散するため、腐植土から溶出した栄養素と太陽光によって植物プランクトンが増殖する。このことから、アンダマン海の沿岸ではマングローブの葉、沖では植物プランクトンという二つの有機炭素源により、食物連鎖が成り立っていることが判明した。アンダマン海は魚介類が豊富であるが、それもこうした理由によるものであろう。

熱帯や亜熱帯の海岸では、まっ白な砂浜、コバルトブルーの海が広がっており、それを求めて訪れる人が多い。しかし、タイのチャオプラヤー川、ベトナムのメコン川やサイゴン川のような大河は腐植物質を含有しているため、黒褐色である。こうした河川水が流入する河口域は遊泳には適していないかもしれないが、豊富な魚介類を育てるのである。

一緒にマングローブの調査・研究を行ったタイの留学生は、日本から帰国してのち、マングローブが陸の森林同様に水産資源を豊かにしていることを啓蒙する活動をしている。

第5章 地球環境再生のカギを握る森林と海

1　急速に進む地球温暖化

六五万年前の二酸化炭素濃度

　地球温暖化の原因物質は、温室効果ガスである二酸化炭素、メタン、一酸化二窒素、フロンなどである。このうちフロンの製造と使用は、先進国では一九九六年にすでに禁止されており、温暖化の主な原因は二酸化炭素である。二酸化炭素は光合成生物に不可欠な化合物であると同時に、地球の気温調整も兼ねている。地球の平均気温は一五℃であるが、もし二酸化炭素が存在しなければマイナス一五℃だといわれている。

　人間がエネルギー源として薪や炭を使用していた時代には、燃料として使った樹木に相当する木を植林しておけば、理論的には二酸化炭素の平衡は保たれた。化石燃料を利用する産業革命の時代から、徐々に大気中の二酸化炭素は増加しはじめたが、人間が火を手に入れた何万年も前の二酸化炭素濃度を知る方策はないのだろうか。

　南極大陸は数キロメートルの厚さの氷で覆われており、その氷には太古の空気が気泡として残されている。ボーリングにより柱状に氷を採取し分析すると、閉じ込められた空気の二酸化炭素

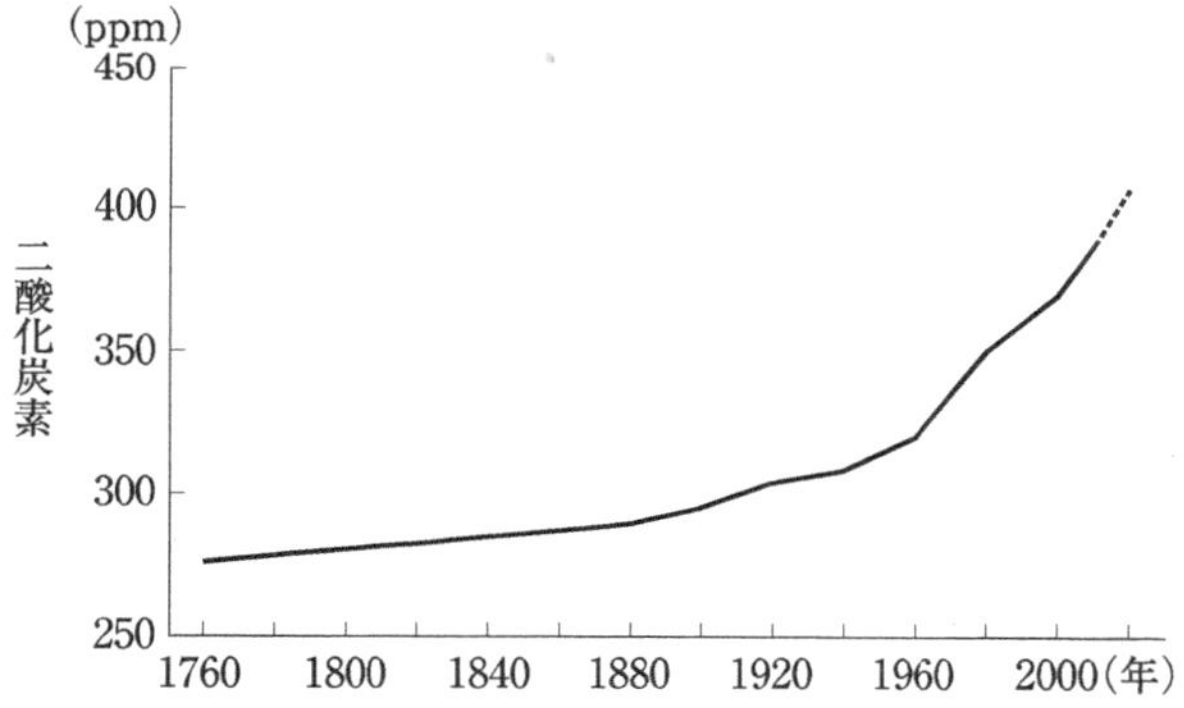

図５−１　大気中の二酸化炭素の経年変化（IPCC,2014）

濃度を、また時間を知ることのできる天然放射性元素を分析することにより、閉じ込められた年代も知ることができる。深さおよそ三キロメートルのところにある氷は、約四〇万年前に積もった雪（氷）である。

この南極の氷の分析で、過去六五万年前にさかのぼっても、二酸化炭素は一八〇〜二九〇ｐｐｍの範囲にあり、三〇〇ｐｐｍ（〇・〇三パーセント）を超えることはなかったことがわかった。この間、氷河期、間氷期を繰り返し、地球環境には劇的な変化があったにもかかわらず、二酸化炭素濃度の変動は小さいものであった。

永久凍土シベリアの森林伐採

大気中の二酸化炭素濃度の経年変化を図５−１に

示したが、一八世紀半ばからの産業革命以後、今日まで二酸化炭素は増加しつづけており、二〇一五年では四〇〇ｐｐｍを超えている。

化石燃料である石炭、石油は樹木、プランクトンが地中に埋蔵され、圧力、地熱などの作用により、数億年前に形成されたものである。当時の大気中の二酸化炭素濃度は数千ｐｐｍと推定されており、この二酸化炭素が植物に固定され石炭、石油に形を変えたのである。

埋蔵されていた化石燃料を燃焼させれば、当然のことであるが大気中の二酸化炭素濃度は数億年前に戻ることになる。これが、地球温暖化を引き起こしているのである。温暖化により、気候変動による食糧の減産、極地の氷河の融解による海水面の上昇などが最も危惧されている。ここ一〇〇年で地球の平均気温は〇・八五℃、海面は約一七センチメートル上昇している。

人為的に放出される世界での二酸化炭素は年間三九〇億トン程度（二〇一四年）で、そのうち三六〇億トンが化石燃料によるもので、三〇億トンが森林火災や伐採といった森林減少によるものとされている。森林火災は全世界で起こっているが、森林破壊は熱帯地域やロシアに多いといわれている。

ロシアではソビエト連邦崩壊後、各地で違法な伐採が行われている。河川周辺の森林の伐採はもちろん禁止されていたが、乱伐されはじめたため、河川は土砂の流入でサケの遡上にも影響が出ている。

さらに最近、マンモスやその牙が大量に見つかっている。温暖化で永久凍土が融けはじめたことを意味している。永久凍土に閉じ込められていたのはマンモスだけではない。大量のメタンガスが、永久凍土から大気へと放出されるのではないかと危惧されている。

現在のところ、大気中のメタンガス濃度は一・八ppmと低いが、温室効果（地球温暖化係数）は二酸化炭素の二一倍も大きい。メタンガス濃度は二酸化炭素濃度の二〇〇分の一と低濃度とはいえ、南極氷柱の分析結果により、六五万年前にさかのぼっても〇・七ppmを超えたことはなかった。つまり、現在は二倍以上に増加しているのだ。

また、永久凍土の融解により、北極海に流入する河川水量が昔に比べて一〇パーセントも増加している。このためグリーンランド近くの海水の密度が小さくなり、第4章で解説した深層大循環でも、四〇〇〇メートル沈降するはずの表層水が一〇〇〇メートル程度の深さまでしか潜らない海域がでてきている。気候に大きく影響することは確かなようだ。

先に述べたように、二〇一四年の化石燃料による世界の二酸化炭素排出量は三六〇億トンである。最大の排出国は中国で約九八億トン、次いで米国の六〇億トンであるが、中国は二〇〇六年に米国（六〇億トン）を抜き、増加し続けている。日本は一二億トン程度である。

酸性雨が与える森林への影響

pH（ピーエイチ）は液体の酸度を示す指標で、化学物質をまったく含まない水のpHは七である。七未満なら酸性、七を超えるとアルカリ性である。コップにpH七の水を入れ、室内で一週間放置しておくとpHは七未満になるが、五・六以下にはならない。つまり、大気中の二酸化炭素が水に溶けて炭酸になるため酸性にはなるが、pH五・六で飽和するのでそれ以下にはならない。つまり、二酸化炭素だけが溶け込んでいる場合、水のpHは五・六以下にはならないのだ。

pH五・六以下の雨を酸性雨という。酸性雨が発生するのは、化石燃料に含まれ、強酸性の硝酸や硫酸になる窒素酸化物、イオウ酸化物が雨に溶解するからだ。窒素酸化物には多くの化学種が存在するため、通常ひとまとめにしてノックス（NO_x）、同様にイオウ酸化物の場合はソックス（SO_x）と呼んでいる。

海外では、ドイツのシュバルツバルト（黒い森）というヨーロッパ有数の森林が、一九七〇年ごろから減少しはじめた。一九八〇年ごろからは、中央・東部ヨーロッパ、スカンジナビア半島で樹木の枯死が見られはじめた。カナダでは、アメリカの五大湖周辺の工場からの排煙により、多くの森林で樹木が枯死したといわれている。日本でも大気に国境はないため、他国の影響を受

写真５−１　島根県の日本海側における樹木の枯死

けていると考えられている。

枯死の要因のひとつとして、酸性雨があげられる。酸性雨によって、土壌成分の八パーセントを占めるアルミニウムが有害なイオンになり、樹木を枯死させるとも考えられている。

日本では工場の排煙基準が厳しく、脱硝、脱硫装置が義務づけられているにもかかわらず、日本のほぼ全国で森林の枯死が見られる。写真５−１は、島根県の日本海側において樹木が枯死した光景である。

熱帯林の消滅

一九九〇〜二〇〇五年のあいだ、毎年日本の国土面積の三割程度の熱帯林が消滅していたとされているが、森林の消滅による二酸化炭素の放出は、先に述べたように年に三〇億トン程度になる。二酸化炭素総排出量の一八パーセントが森林消滅によるものなのだ。

原生林では、若木の成長、老木の枯死による二酸化炭素の固定と放出の平衡が保たれていた。つまり、原生林は二酸化炭素の放出源でもないし吸収源でもない。

森林の二酸化炭素サイクルは数十〜数百年のオーダーであるが、数百万年というサイクルも述べておこう。光合成により二酸化炭素を固定した生物は、その死とともに分解を受けるが、分解を受けずに残存した一部は岩石になる。この量は大気中の二酸化炭素の約二万倍である。また、サンゴや有孔虫、ココリスなどのプランクトンの殻となってから岩石になるが、この量は大気中の七万倍もある。この殻は地熱によって分解を受け、再び二酸化炭素に変わり大気に戻る。これも時間の長い二酸化炭素のサイクルである。

大気中に放出される年間三六〇億トンの二酸化炭素のうち、一六〇億トンが大気に残存し、九〇億トンが海洋で吸収され、一一〇億トンが陸で固定されていると推定されている。しかし、この推測はかなり大まかであり、二酸化炭素の収支はじつは極めて不正確である。

大気中の二酸化炭素量は二兆七五〇〇億トン、陸上植物が固定している二酸化炭素量もほぼそれに匹敵する。一方、海水中には大気の約五〇倍の二酸化炭素が存在しているのである。三三〇億トン程度の二酸化炭素の放出が大問題となっているが、海洋の二酸化炭素の約〇・〇二パーセントが大気に放出される量にほぼ等しい。温暖化で最も危惧されるのは、海水面の上昇と海水温の上昇に伴って、海から二酸化炭素が放出されることである。また、海水が酸性化していることも危惧されている。

2　森林や海藻で地球を救えるか

海藻を熱エネルギーに

第２章で述べたように、一九九四年にバミューダ島で開催された鉄のワークショップで、鉄不足海域に鉄を散布し、二酸化炭素を減少させる実験が報告されていた。鉄の散布によって植物プランクトンが増加することは間違いないが、二酸化炭素を固定したプランクトンなどの固まりが深海まで沈降するか否かが最も重要である。

一九九〇～二〇〇五年にかけて一〇回程度、鉄不足海域に鉄散布実験が行われたが、大気中の二酸化炭素を減少させるという明確な結果が得られていない。鉄散布による二酸化炭素の削減はほとんど期待できない。

海藻を用いたらどうだろうか。単位面積当たりの海藻（コンブ）のバイオマス（生物量）はプランクトンの四〇〇～五〇〇倍も大きい。つまり、プランクトンより四〇〇～五〇〇倍の二酸化炭素を固定できることを意味しており、海面を立体的に有効利用できることになる。

これを具体例に置き換えると、北海道の面積の数十パーセントの広さに相当する海域を利用し、ロープを使ってコンブを養殖すれば、日本で放出する二酸化炭素を半分程度に減少させることができることになる。ただし、夏には繁茂したコンブを陸揚げし、化石燃料の代替エネルギー源として利用しなければ、最終的に二酸化炭素を削減したことにはならない。また、陸揚げしないとコンブは腐敗し二酸化炭素を放出することになるので、これも削減にはつながらない。

コンブの熱量は一キログラム当たり三〇〇〇キロカロリー程度で、木材の半分程度であるが、水を沸騰させることは可能であるし、単位容積当たりの熱量を高めるには、コンブをチップ状に固めればよい。

伊勢湾など赤潮が発生する湾では、底層が貧酸素もしくは無酸素になり、底生生物は生きられない。つまり、食物連鎖が成り立たなくなり、漁獲量に影響することになる。現在のところ、赤潮発生を防ぐことは困難であるが、冬から春までロープによるコンブを一〇万トン、夏にはアナアオサなどを一〇万トン養殖すれば、赤潮の発生は防げるだろう。写真5－2は伊勢湾でのコン

写真５-２　伊勢湾でのコンブ養殖

写真５-３　三浦湾でのアワビ養殖用のコンブ

ブ養殖、写真5－3は先に述べた三浦湾で行われているアワビの餌としてのコンブ養殖である。

陸の植物の三大栄養素は窒素、リン、カリ（カリウム）である。リン肥料の原料は、第2章でも述べたとおり、鳥の糞などが何万年も堆積して形成されたリン鉱石である。リン鉱石はあと数十年で枯渇するといわれているが、リン肥料なくして農業はできない。

乾燥コンブ一グラムには、リンが一～二ミリグラム含有されている。燃焼後、灰から得られるリンは年間二〇～四〇トンになり、日本のようにリン鉱石を輸入に頼っているような国でも、輸入を必要とせずに農業が可能になるだろう。

木質バイオマスエネルギー

アメリカではトウモロコシから、ブラジルではサトウキビから自動車用アルコールが製造され、ガソリンに混入して使われている。このアルコールは光合成生物から作られているため、大気中の二酸化炭素濃度を高めずにすむ。この意味では優れたエネルギー燃料といえる。

しかし、二〇一〇年にはアメリカで生産されるトウモロコシの三〇パーセントがアルコール製造に使用されるといわれている。その結果、食品原料としてのトウモロコシの価格高騰を招き、飼料など世界の食糧需給に影響を与えることは間違いない。世界で一〇億人が飢えで苦しんでいる今日、トウモロコシのような食糧を車の燃料として使用することに、道義的問題が大きいと多くの人は考えている。

アルコールの製造よりも植林したほうが、二酸化炭素削減効果は大きいとの報告もある。アメリカ、ブラジル以外の国でも、穀物からのアルコール製造をめざしているようだが、食糧不足時代の到来を考えないのだろうか。日本では、砂糖の原料であるビートやサトウキビからアルコールを製造しているが、読者はどう思われるだろうか。

日本は約一二億トンの二酸化炭素を化石燃料から放出している。化石燃料は工場、発電、民需、車などのエネルギーとして使われているが、化石燃料の代替として海藻、木質バイオマスを使用すれば、二酸化炭素の放出量は削減される。バイオマスとは生物由来の資源のことで、木質バイオマスというと、いかにも目新しいエネルギー源のようであるが、産業革命以前のエネルギー源はほとんど樹木であった。つまり、木質バイオマスエネルギーなのだ。

さらなるバイオマスエネルギー源は、家畜糞尿や下水汚泥である。家畜糞尿は悪臭どころか、河川や湖に流出し、湖ではアオコ（海の赤潮）の発生要因になっている。しかしながら、二〇一〇年頃にこれらやっかい物を発酵により、バイオガス（主にメタンガス）に変え、発電や熱エネルギーを得ることが可能になった。電力も地産地消の時代が到来した。

車からの二酸化炭素放出を減少させるためには、バッテリーの蓄電率を高め、バイオマス発電による電気自動車を普及させることだ。発電に化石燃料を使っている電力を使用する電気自動車は、走行中に二酸化炭素を放出しないというだけで、大気中の二酸化炭素を増やしていることに変わりはない。ところが、バイオマス発電の電力を使う電気自動車は、自然界における二酸化炭素のサイクルの中で収支が均衡するので、究極の自動車ということができる。

現在、火力発電で使用する石炭に、木材チップを数パーセント混入して発電する試みも行われている。九〇万キロワットの発電所で、年間約九万トンの二酸化炭素を削減できる。しかし、木材チップをカナダから輸入している電力会社もあるが、地産地消といわれている今日、日本産の木材を使用すべきではないだろうか。

その他、木質バイオマスエネルギーを使って水を水蒸気にし、食用油脂工場などで使うことによって二酸化炭素を削減する施設が稼動しはじめている。写真5－4は、木質バイオマス熱供給施設である。

現在は木質バイオマスとして用いられる木材チップには、家屋の廃材や製材工場の廃材が使われている。しかし今後は、次に述べる間伐材を用いることを考えるべきである。

写真5-4　木質バイオマス熱供給施設

間伐の重要性

日本の森林面積の四〇パーセントは人工林である。戦後、家屋の建材として針葉樹が適しているとの理由から、全国に分布していたブナなどの落葉樹を伐採し、スギやヒノキの針葉樹を植林したのである。

高校時代、山林をいくつも所有する山林王の子が友人にいた。その友人によると、大学を終えて村に戻った昭和四〇年当時、樹齢一〇年程度のスギを間伐すれば、一人一日分の人夫賃がまかなえたという。森林は莫大な資産価値があったのだ。当時、工事現場の足場には間伐した丸太が使用されていた。ところが昭和四〇年代後半になると、主に東南アジアから廉価な木材が輸入されたことにより、徐々に林業だけで生計を立てるのが困難になりはじめた。

植林後は枝打ちや間伐をしないと木材の価値はなくなるが、林業での生活はできなくなってきたので、放置されているのが現状である。一見緑に覆われている山でも、そこは森というだけで、整備された森林ではないことが多いのだ。間伐をしないと、密生した樹木が太陽の光を遮って下草が生えず、腐植土がうまく形成されない。最後の清流といわれる四万十川でさえも濁っているが、これは腐植土のない山の泥が流出しているからだ。

間伐が大切なのはそれだけではない。間伐すればより二酸化炭素を固定できる。写真5－5を見てほしい。年輪を数えると直径が大きい木が四〇年、小さいほうが五〇年で、逆ではないかと思われるだろう。樹齢四〇年のほうは間伐などの手入れをした山の樹木、樹齢五〇年のほうは間伐が施されなかった山の樹木である。

写真5－6に示した年輪を見ると、四〇年の木の年輪の間隔は三～四ミリメートル程度でほぼ等間隔である。一方、五〇年の木の年輪は一〇年過ぎると、その間隔が一ミリメートル以下である。つまり、ほとんど成長していないことを意味している。その理由は間伐がなされないため、太陽光が遮られ光合成が制限されているからである。

日本人一人一人が一年に一〇〇本の植林を数十年続ければ、日本が放出する二酸化炭素の半分程度を樹木が固定するといわれている。植林の二酸化炭素削減の効果は極めて大きいのだ。ただ

写真5-5　左：間伐してあるスギ、右：無間伐のスギ

写真5-6　左：間伐してあるスギの年輪、右：無間伐のスギの年輪

し、植林した後には適切な間伐を行い、人の手で森を育んでいく必要がある。

さらに、樹木は種によるが、七〇年以上経過すると二酸化炭素の収支については平衡状態になる。つまり、二酸化炭素の固定と呼吸による排出が等しくなるのだ。老木を択伐後、若木を植栽すれば二酸化炭素の固定が著しく増加する。

昨今の住宅には、多くの石油由来製品が建材として用いられている。しかも、平均二五年で建て替えられているため、廃材の燃焼により二酸化炭素が排出されることになる。一方、樹齢一〇〇年の木材で建築した家は、一〇〇年住めるといわれている。少なくとも一〇〇年は二酸化炭素を固定できるということだ。択伐した老木で住宅を建てた人には補助する制度を採り入れてはどうだろうか。林業での生計が可能になり、森が整備され雇用の場が広がり、川も海も豊かになり、一石三鳥の効果がある。

植林と間伐はセットで

二〇〇四年九月の大雨で、三重県の一級河川である宮川上流のあちこちで山崩れが発生し（写真5－7）、大量の土砂が河川に流出し、川底に堆積した。山は針葉樹で覆われていたのだが、適切に間伐していなかったため生じたと考えられる。このため、アユの餌であるコケ（着床プランクトン）が着床する小さな岩は埋まってしまった。巨岩でも半分は埋まり、コケが激減した。堆積した土砂の浚渫《しゅんせつ》は不可能で、河川水量を増やして徐々に土砂を流すしか方法はないだろう。復旧工事には巨費が必要と思われるが、再度の大雨で間伐していない斜面が崩壊する可能性も残されている。

写真５−７　三重県・宮川上流での斜面崩壊

なぜ間伐をしないと山崩れが起きやすくなるのか。間伐を行えば、鳥などが運んでくるどんぐりの実（落葉樹の種）が発芽し、針葉樹と落葉樹の混交林になる。落葉樹は針葉樹に比べ横に長い根を伸ばすため、地盤は強固になり、山の斜面が崩壊する確率は低減するであろう。ちなみに、三〇センチメートルのミズナラは横に五〇センチメートルもの根を伸ばしていたが、針葉樹のそれは二〇センチメートル以下であった。

これまでに、集中豪雨による土砂災害が各

地で頻発しているが、崩壊している森林はスギかヒノキの単相林が多い。

夏や冬には、宮川の水量は一秒間に一〇トン以下になるときがある。発電に湖水が使われているのもひとつの要因のため、その水を少しでも宮川の本流に戻せないかとの議論がされている。しかし宮川の水の供給源は、湖水周辺が一五パーセントなのに対し、湖水から下流が八五パーセントもあることから、下流流域の間伐を行えば、森林には下草が生育し腐植土が形成されるため、保水力も高まり宮川本流に昔の水量が回復するであろう。

植林と同時に適切な間伐をすることは、森林を育てるだけでなく、森の生態系そのものを守るためにも非常に大切なのだ。

3　木を植える漁民、市民、企業

襟裳岬の再生

北海道襟裳岬の例が、植林と漁場との関係を最もよく表している。三〇〇年前の襟裳岬は広葉樹の原生林で覆われ、アイヌの人々が生活していた。明治以降、本州からの入植者が増え、建材、燃料として森林が伐採され、さらに放牧地としての開拓などで森林の消滅が早まった。草地も過放牧、風雨による浸食により年々荒廃が進んだ。

荒廃が進むにつれ、平均風速が秒速一〇メートルを超える日が年間二七〇日もある襟裳岬では、土砂が風や雨により海に流失したため、沿岸の根付き魚（一生沿岸で過ごす魚）をはじめ回遊魚もそこを回避するようになり、漁獲量は激減した。さらに、コンブなどの海藻も葉に泥が付着したため、枯死した。しかも、岩盤に泥が堆積したため、海藻の胞子が着床できずコンブ以外の海藻も激減した。つまり、漁場ではなくなったのだ。

腐植土層が流失したため、下層の無機質層があらわになった。草木一本もない赤土の禿げ山は「襟裳砂漠」といわれた。この状態では漁師は漁業で生計を立てることもできず、集団移住も検討された。

襟裳岬の再生は一九五三年、浦河営林署に「えりも治山事業所」が新設され、草を根付かせることから始まった。しかし、強風の吹き荒れる襟裳岬では、草さえも根付かせることは困難であった。試行錯誤の結果、種を蒔きその上に雑海藻を敷き詰める「えりも式緑化工法」を考え出し、草の生育に成功した。一九五四年から木を植える木本《もくほん》緑化を実施し、二〇一三年には砂漠化したほぼ全面積に当たる一九三ヘクタールの森林が蘇っている。

森の一〇年は人間の一歳に相当するから、襟裳岬の森林はまだ五〜六歳の幼児にすぎない。か

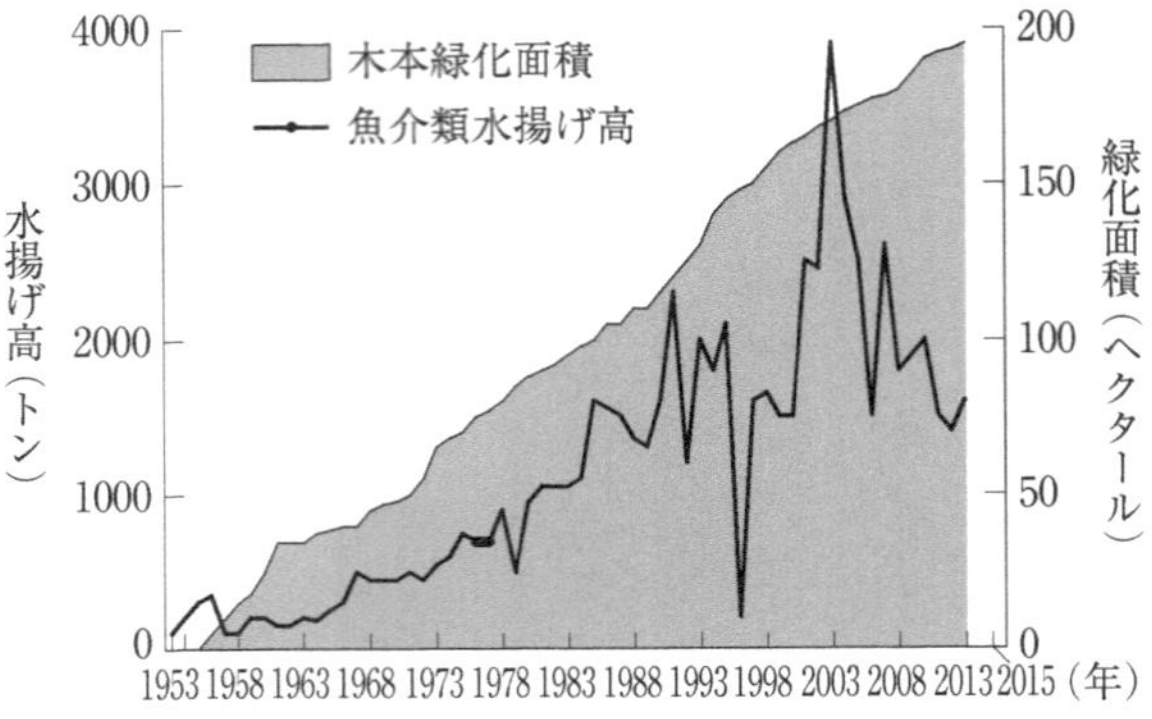

図5-2　木本緑化（植林）を行ったえりも町における魚の水揚げ高の経年変化（北海道森林管理局、2014）

って の森林に戻すには、これから数百年かかるともいわれている。

この緑化事業前後にわたる魚介類の水揚げ高の推移を示したのが、図5－2である。緑化前に比べ現在は約二〇倍の水揚げがある。一九六一年、飛砂防備保安林に指定され、一九九四年には魚つき保安林として指定された。

昔は、夏のコンブ漁を終えると、漁師の多くは半年以上も出稼ぎに出かけ、若者も職を求め、えりも町を去った。こうした状況は日本海側も同様で、えりも町は過疎法の指定を受けたほどであった。しかしながら、緑化後、冬から春にはウニ、カニ漁を、夏にはコンブ、秋にはサケ、マス漁と海の資源回復によって一年中働くことが可能になった。

一方、日本全国の多くの漁師町では、若者は町を出てしまい、年老いた漁師が細々と漁を行っているが、漁師は知識ではできない。長年の経験が必要なのだ。漁業のみならず、農業、林業も経験なしでは困難なのだ。一次産業の従事者が年々減少する日本は、将来このままでいいのだろうか。真剣に考えなければならない時期に来ている。

なお、襟裳岬の場合は、森林の乱伐、それにともなう土砂の流失により漁獲が減少したことは明らかであり、漁獲の減少の原因は森林の消失であると断定できた。襟裳岬のような例は特異なケースであり、フルボ酸鉄などは分析しないと確認できないため、一般には化学的な要因と森林とを結びつけるのはこれまで困難であった。しかし、昨今では私の理論が認識されはじめてきたようだ。研究者として望外の喜びである。

北洋を失って

北海道の漁業と北洋は切っても切り離せない関係にある。沿岸漁業はイカ、ホッケ、サケ、養殖のホタテ、コンブなどを除けば、北海道にとってはさほど重要でなかったのではなかろうか。ところが一九七七年、米ソによる二〇〇カイリ漁業水域宣言が行われてから、徐々に北洋での操業は制限され、一九九二年には完全に撤退を余儀なくされたのである。二〇〇カイリ漁業水域宣言とは、自国の沿岸から二〇〇カイリ（約三七〇キロメートル）の範囲の水域資源の権利を主張するもので、他国によるこの領域での漁業を禁じるという国際規約である。北海道が北洋を失ってしまえば、沿岸を重視しないと生き残れないという切迫感が出てきたのはいうまでもない。

オホーツク海に面したサロマ湖沿岸の常呂《ところ》漁協、佐呂間《さろま》漁協、湧別《ゆうべつ》漁協はホタテやカキで生計を立てている。この海域には、大雪山系に源を発する長さ一四五キロメートルの常呂川が流入しているが、この流域は酪農のため森林伐採が行われ、湧水が半減してしまった。これを契機に森林なくして水は守れないと考え、漁協が常呂川流域数百ヘクタールを買い取り、一九八七年から植林を始め、二〇〇七年時点で約六〇万本の植林を終えている。

また、根室湾に面した野付《のつけ》漁協が春別《しゅんべつ》川流域で、日本海側の北るもい漁協が天塩川流域で、北海道漁連が全道で植林を行っている。昔の北海道は森林や湿地帯であったが、明治以降、本州からの入植者が牛の飼育のため草地開拓で森林を伐採したのだ。現在は放置された草地を昔の森林に戻そうという活動が活発になってきている。劇作家で北海道の富良野に在住している倉本聰氏は、閉鎖され放置されているゴルフ場をもとの森林に戻す活動を行っている。

“森は海の恋人”

このキャッチフレーズで、一九八九年から宮城県気仙沼に流入している大川上流で植林活動を行っているのが、「牡蠣《かき》の森を慕う会」の代表者である畠山重篤氏である。畠山氏は、カキやホタテの養殖ひと筋にほぼ半世紀にわたり漁業を営んできたが、海が年々変化してきたことに気づいたのである。海の生物が著しく減少し、湾に流入している大川の水量が極度に変動してきた。その原因として、陸が雨水を保水する機能が弱くなってきていることを見抜いたわけだ。

さらに、フランスのカキ養殖場を見学したおり、河川の上流には大森林があり、豊かな海は森林によって支えられていることを知った。これを契機に、大川上流での植林活動を始めたのである。

毎年一〇万本植林しても、効果が実感できるまで数十年、ひょっとしたら半世紀以上かかるかもしれない。しかし、漁師や市民が植林をしていることを知れば、河川を汚さないようにしようという意識が高まり、河川流域の住民の協力へとつながる。私はこの湾の調査を数年行い、大川が湾のカキを育てていることを証明した。

二〇年ほど前、大川の河口に近い場所にダム建設の計画が進行していた。建設理由は気仙沼の人口増のため、水不足になるということであった。日本の人口が減少に向かうことが明らかなのに、なぜ気仙沼の人口が増えるのか、整合性はまったくなかった。

ダムを建設すること自体が目的ではないかと思われるが、水産学者といわれている人が気仙沼市で、ダム建設は水産業にプラスになるとの講演を行っていた。これでは漁師の未来はないと感じた。この人は、第3章で触れた磯焼けの要因は食害であると長年言いつづけた人でもあるが、ほかにも食害説を信じている水産学者はいる。

私は理論物理の研究をしているわけではないので、机の前に座っていくら考えても、自然界の問題点を解明することは困難と考えている。現場を何度も見て、また現場をいちばん知っている漁師さんの話を聞くことが、最も重要だと考えている。

国内外での植林活動

現在、漁師や市民を中心とした植林の輪が全国に広まっている。また、中国、内モンゴルの砂漠地帯での植林、東南アジアを中心としたマングローブの再生に企業や多くの心ある人が参加していることに感動を覚える。

三重県の四日市市からスタートしたスーパーマーケットのジャスコ（現イオン）は、一九九一年にイオン環境財団を設立しており、国内外の植林活動などに毎年多額の援助をしている。二〇

写真5-8　タイでのマングローブ植林

一五年で一一〇〇万本を内外で植栽している。私もタイでのマングローブの調査や植林に数回援助をしてもらった（写真5－8）。ジャスコの店舗の周りには、国内外を問わず植林がされている。樹木には二酸化炭素の固定のみならず、街中の気温を下げる効果がある。うだるような暑さの都市部では、箱もの行政の代わりに土地を購入し、植栽することが肝要であろう。

京都の東山一帯は多くの寺があり、深い緑に囲まれている。その寺のひとつである南禅寺でひと夏を過ごしたことがあるが、市内よりも数℃気温が低く過ごしやすかった。打ち水と同様、葉からの蒸散作用によって気化熱を奪うからである。

ジャスコの創業者で、イオン環境財団の理事長でもある岡田卓也氏は私の高校の大先輩であるが、緑の地球を次世代に残すことがわれわれの義務であるとの思

写真5-9　三重県・三浦地区町民による植林

いから財団を設立したという。社会貢献に尽力されている岡田氏を誇りに思っている。

北海道帯広市は一〇〇年計画の緑の街づくりとして、一九七五年から植樹を始めている先駆的な市である。道内では退職後、帯広市に移住する人が多いようだが、当市を訪れると納得がいく。緑に囲まれた街であるからであろう。

さらに、三重県でも県漁連などが活発に植林を続けているが、先に述べた宮川貯水池の水力発電の排水が流入している三浦湾でも、漁協、町民、小学校の生徒、森林組合によって、貯水池の周辺に植林を行っている。時間がかかっても漁業中心に街を豊かにすることは間違いないだろう。さらに、子どもたちは森林の役割も勉強しており、自然を愛する大人に成長することだろう（写真5－9）。

目標は一人一〇〇〇本！

私は一九九一年から、毎年三〇〇〇本の植林を続けている。目的は地球温暖化を遅らせることと、湖、河川、海の生物を豊かにすることである。牛の糞尿、肥料が直接流入する湖では、アオコが発生し、コイ、フナ、ワカサギの漁獲が減少した。そこで、牧場に植栽することにより腐植土を形成させ、湖の富栄養化を防ぐことができないかと考えた。腐植土は高濃度のリンを吸着するし、高濃度の窒素化合物から脱窒素により窒素ガスとして大気に放出させるなど、栄養塩をコントロールする機能も有しているため、牧場に植林をしたのだ。また、河川の場合は河畔に植林した。

体長一〇センチメートル程度のイワナやヤマメは、水中昆虫ではなく、河畔林から落下する昆虫を主食としている。夏場には一平方メートル当たりおよそ一〇グラムの昆虫が水面に落下している。落下昆虫だけでなく、栄養素も河川に流入し、アユの餌であるコケ（着床プランクトン）を育んでいるのだ。

二〇〇二年からは、砂漠化している日本海のためにとの思いもあり、日本海に流入している河川の流域で植林を続けている。

植林後、若木が草に覆われ枯死してしまわないよう、草刈りは不可欠である。猛暑の中でも草刈りをせねばならず、草に巣を作るハチにさされて二週間も腫れが引かなかったり、アブにさされたりと苦労がともなうが、体力の続く限り植林を続けていく。草刈りの苦労よりも、草刈りがまだできることへの感謝の気持ちが大きくなってきている。

これまでの私たちの植林によって、二酸化炭素が五〇〇〇トン程度は削減されたようだ。樹木は成長するし、今後も植林を続けるため、さらに数万トンを削減できるだろう。日本人は年間一人およそ一〇トンの二酸化炭素を放出しているから、一〇〇歳まで生きると一〇〇〇トン放出することになる。一〇〇歳まで生きて、自分が放出した二酸化炭素を自分で始末するには、木一本は一トン以上の二酸化炭素を固定するから、一生涯に一人一〇〇〇本の植林をすればよい。そうすれば、神は一〇〇歳まで生きることを許してくださるだろう。われわれはそれを目標に頑張っている。

これまで述べてきたように、全国で多くの人が植林に参加しているが、植林は素人でもできる。しかし、間伐や枝打ちは素人では困難であることから、本当に必要な公共工事以外は森林整備を優先すべき時期に来ているのではないだろうか。

4　人間と自然が共存するには

これ以上の便利な生活を追い求めるのか

これまで述べてきたように、地球温暖化にしろ、森林伐採にしろ、自然を破壊しながら人類はその恩恵を享受してきた。つまり、一人一人が気づかないまま自然破壊をしてきたのは間違いない事実である。その意味では、私たち一人一人がその責任を感じなければならないし、この時代に生きた人間が、将来生物の住めない地球にしてしまう権利もないわけで、未来にわたり地球を残せるように英知を出して考えねばならないのである。

現状では、明らかに生物が生存できない方向に地球は一歩一歩進んでいる。私たちに残された道は、自然と共存する方策を見出すことである。

私たちは便利で快適な生活を得ることができたが、その結果、日本や世界にどのような影響を与えているのか、簡潔に述べることにする。

日本でも昨今集中豪雨が頻発するようになってきたが、世界では雨季でも雨が降る期間が著しく短くなり、農業での生活が不可能な国が多くなってきている。二〇〇九年には東アフリカが大干魃になり、数千万人が飢えで苦しんでいる。

一方、台風やサイクロン、ハリケーンの規模が巨大になり、ときに何万人もの命が奪われている。水は気化するときには気化熱で周りの気温を低くするが、蒸発した水蒸気が水（液体）に変わるときには、逆に熱を放出する。温暖化によって表面海水温が〇・五℃高くなれば水蒸気量は多くなり、雲（水滴）になるときには多くの熱を放出する。これが巨大な台風（サイクロン、ハリケーン）を生むことになるのだ。

日本では一九九三年は冷夏で、海外から米を輸入したが、今後も冷夏、猛暑、大洪水、集中豪雨が頻発する確率は高くなるだろう。その原因は地球温暖化による気候変動だと考えられている。

熱帯林などの森林伐採については、科学だけでは解決しない。明日の食糧、燃料を必要とする多くの人がおり、科学というより政治、経済面から解決策を見出さねばならないだろう。しかしながら、多額の利益を目当てにアマゾンの熱帯林を皆伐し、牧場や農場にしている人たちがいるのである。この人々は明日の糧に困る人とは根本的に異なる。私たちは廉価な牛肉を購入するが、それはすなわちこの皆伐に手を貸していることにもなるのだ。

海外から食糧を輸入すると、多くの二酸化炭素を放出することになる。そうしないためにも、できるだけ近場で生産された食糧を消費することである（地産地消）。さらに、日本は肥料や飼料のほとんどを海外からの輸入に依存している。リンなどの一部の肥料は国内でまかなうことは難しいかもしれないが、少なくとも飼料は国内で調達することである。そのためには、農業で生活が成り立つような政策をとらなければならない。

車、家電などの外需産業がいつまで続けられるだろうか。これらの産業は途上国にとってかわられることは、歴史が証明している。一次産業に雇用の場を徐々に移していく政策をとらないと、日本の雇用は困難になるのではないか。

車のなかった昔は、数キロメートルの距離なら自転車を使うか歩いて行ったものである。しかし現在では、歩くことをしないで車を使ってしまう。しかも、車のクーラーをつけたままで買い物する人すら見かける。

タイのバンコクでは、駐車時にはエンジンを停止しないと違反になる。途上国でも二酸化炭素削減に努力している国は存在するのである。

子々孫々まで生物が生きられる地球を残すことを真剣に考えているのなら、政府のなすべきことは、車をできるだけ使用しないで公共交通を利用すること、冷暖房は必要最低限の温度設定にすること、大量生産・大量廃棄を止めること、太陽光発電、太陽熱の利用の促進、植林や間伐を進めるなどのキャンペーンをすることではないだろうか。

さらに、飲料水の自動販売機が道端にまで設置されているのは、日本ぐらいではないか。日本中の自動販売機を維持するのに、原子力発電所一基に相当するエネルギーが使われている。設置場所は公共施設に限定したらどうか。途上国の人が道端に設置されている販売機を見れば、日本は真剣に温暖化について考えているとは思わないだろう。

自然を復元する河川工法

戦後、治水の観点から河川を直線化し、三面張りといってコンクリートで両岸や川底を固めてしまうことで、多くの河川は変貌した。しかしこれは見方を変えれば、生物が生きられない河川にされてしまったことを意味するのである。

高度成長の時代が終わり、過去を振り返ってみると、生物が生育できないことは、つまり私たちも遠からず生存できないことにつながるとの反省が出てきた。生物が生育しているから河川であって、生物が住めない河川は、たんに水を流すだけの水路にすぎないと思う人が多くなってきたのだ。

いったん〝水路〟と化した河川を、生物が生育できる河川に復元する工法がスイスで誕生した。これを知った西日本科学技術研究所の福留脩文所長がスイスに出かけ、この工法を日本に取り入れた。

河川の水流に強弱をつけるため、自然石を河川に配置したり、流れの速い瀬や流れのゆるやかな淵を再生させたのだ。この工法による河川改修により、再び生物が生存できるところまで再生できたのだ。

この工法が施工されている河川はまだ少ないようだが、次世代のためにも、魚介類が生存できる河川に改修することを考えるべきではないだろうか。

先に湿地、干潟の重要性について述べた。それらは人間には直接は不必要かもしれないが、水圏の生物には極めて重要な役割を果たしている。埋め立てた湿地、さらに干潟を復元させることも、次世代につながる生きた公共事業である。

生態系を妨げない砂防ダム

砂防ダムについてはすでに述べたが、森林整備を行えば砂防ダムはほとんど必要なくなるのではないか。ダムの建設自体が目的になってしまえば、日本沈没も現実になってしまう。ダムによって川が堰き止められ魚が遡上や降海できなくなると、魚種によっては種の滅亡につながるとい

写真5-10　スリットダム

われている。

とはいうものの、ダムを必要とする場所もあるだろう。ただし、多くのダムには魚道が作られてはいるが、機能しているところは少ない。多くは、流木や枯れ葉で水の流れが妨げられている。河川の生態系を妨げない砂防ダムは、写真5－10のようなスリットダムが効果的であろう。

利水ダムの原型は、大阪府狭山市にある狭山池といわれている。建設されたのは、六一六年ごろと判明している。当時、このダムによって数キロメートルの範囲で水田農業が可能になったのだ。本来ダム建設の目的は利水から始まり、灌漑用として大きな役割を果たしていたのである。

二〇〇九年、政府は今後予定されているダム建設の見直しに着手し、群馬県の八ツ場《やんば》ダム、熊本県の川辺川ダムの建設中止を決めた。ダム建設などは将来に生きる税金の使われ方でないから、このままでは日本は沈没すると多くの国民は思いはじめたのだ。

しかし、二〇一一年に八ツ場ダムの建設を再開し、二〇一九年完成を目指している。建設の必要性がないと判断したから中止したのに、また再開するとは、血税が利権集団のために使われているからだと、良識ある多くの国民は思っている。

全国には、地下に水が浸透してしまい水が貯まらないダム、一〇年で貯水量の半分の容積が土砂で埋まったダムなど枚挙にいとまなく、巨額の血税が無駄遣いされた。

なお、既存のダムには土砂が堆積するため、水を貯める機能は徐々になくなっていく。堆積した土砂は無酸素状態のいわゆるヘドロである。無酸素のヘドロを河川から海に流せば、河川や海の生き物は死に至る。浚渫したヘドロは湿地造成に使うことを考えてはどうだろうか。先に述べたように湿地も河川、海の生き物を増やすことに大きな役割を果たしているからである。

ダムには土砂が堆積するが、その堆積物は無酸素状態、先に述べたようにヘドロになる。ヘドロを流出させると、河川や海の生き物は死に至る。

森林のだいじな機能

これまで述べてきたように、森林は天然のダムであり、河川の洪水、渇水を防ぎ、河川水量をできるだけ一定に保つ重要な機能を有している。また、森林は川や海の植物プランクトンや海藻を増やす栄養素を供給し、食物連鎖によって魚介類を増やす最も重要な働きをしている。

森林が消滅すれば、土石流や土砂流による災害から国民の生命財産を守るため、砂防ダムが必要となる。しかし、砂防に限らず、治水、治山などあらゆるダムは海に流れる土砂までも堰き止めてしまうため、沿岸域での砂のバランスを崩してしまうことになる。

ダムのなかった時代は、沿岸に運ばれる砂の量と、沿岸から外洋に運ばれる砂の量のバランスがとれていたのである。しかし、沿岸に流入する砂がなくなれば、外洋に土砂が運ばれる一方通行になってしまい、沿岸浸食が加速されることになる。

自然に手を加えると、知らず知らずのうちに自然が思わぬ方向に変化してしまうのだ。海に港を造ると、砂が移動して干潟が消滅したり、砂場が泥場に変貌したりする。山に林道を建設すると、土砂が海に流出し、漁場が消滅することもある。できるだけ、人間が自然に手を加えないことが肝要である。

一次産業がお互いに深く結びついているように、森林もたんに林野庁のみならず、農林水産省、国土交通省、環境省、経済産業省といった各省と深く結びついているのである。

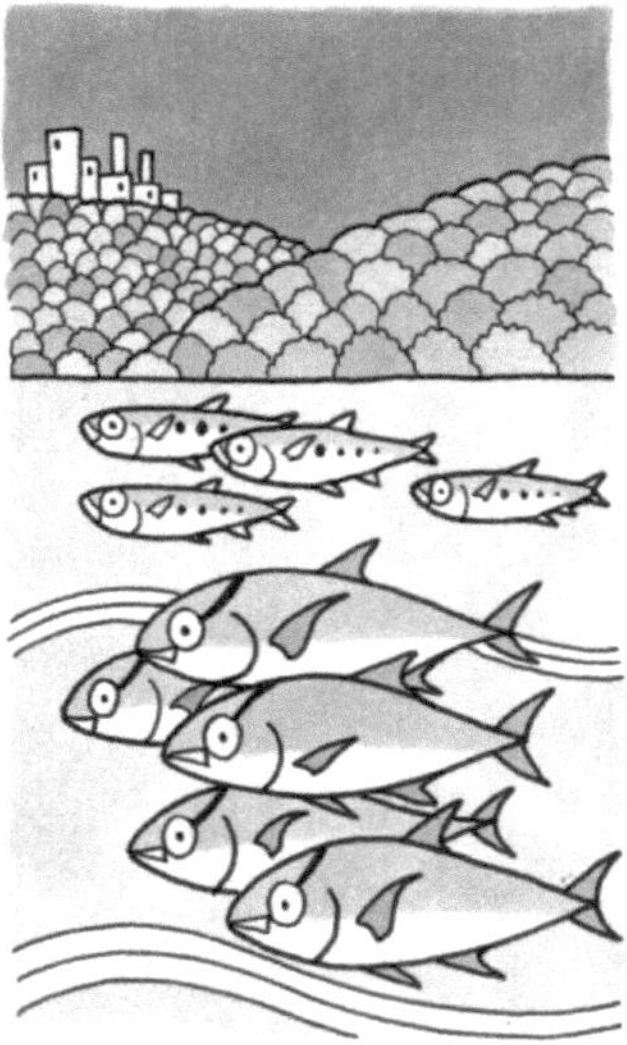

おわりに

「岐阜県には海がないという理由で、これまで『全国豊かな海づくり大会』の開催を断ってきたんですが……」。二〇〇九年、私に会いに来た県の担当者はこう言った。「全国豊かな海づくり大会」とは、水産資源の維持、海の環境保全の啓蒙を目的として一九八一年から続く催しで、これまでは海に面した道府県や、広大な琵琶湖を有する滋賀県などが主催してきた。しかし、森林が海の生物を育てていることを知った岐阜県は、海がなくても積極的に関わるべきだと考え、二〇一〇年にはじめて大会を開催することを決めたのだった。

古い話になるが、戦中や終戦直後は日本中で牛肉、豚肉などの動物性タンパク質が不足していた。しかし、私は三重県出身なのだが、三重県人は主に伊勢湾で水揚げされる魚介類の恩恵を受け、動物性タンパク質にあまり不足することがなかった。伊勢湾が豊饒だったのは、三重県から湾に流入する河川のみならず、岐阜県を経由して湾に流入している木曽三川（木曽川、長良川、揖斐川）のおかげだ。山を管理している方々に感謝しなければならない。

これは三重県に限ったことではなく、当時、大半の国民は湖、河川、沿岸海域の魚介類により動物性タンパク質を補っていた。つまり、山の森林の恩恵を受けていたのだ。木曽三川の果たす役割に気づいた三重県漁連は現在、岐阜県に出向いて流域での植林活動を精力的に続けている。

われわれは水道の蛇口を回せばすぐに清潔な水を得ることができる。しかし、その水はどこから来るのかを考えたことはあるだろうか。水も、山の森林の恵みであることを忘れてはいけない。

地球温暖化にともない、世界中で異常気象が起きている。水の蒸発量と降雨量は均衡を保っているので、どこかで大干魃があれば、どこかで大洪水が発生する。このまま温暖化が進めば、年々大干魃、大洪水が頻発するようになるだろう。それは、陸で食料を得ることが困難な時代が到来することを意味している。海面下に没するといわれているツバル国などの島嶼《とうしょ》国のみならず、東南アジアを含めて世界の各国で海面上昇の影響が出はじめている。地球温暖化の影響は、すでに身近なところまで差し迫っているのだ。

考えてみてほしい。われわれは、これ以上の便利さや快適さを求め続けてよいのだろうか。便利で快適な生活は、エネルギー消費の増加、ひいては二酸化炭素の増加をともなう。生き物が生存できない地球にしてしまう行為は、神に背くことになるのではなかろうか。少なくともわれわれ先進国の人間は、もうこれ以上の便利さや快適さを求めないことである。

ダム、高速道路、新幹線などの建設により、多くの森林が伐採された。将来にわたって生物が生育できる環境を残すためには、こうした公共事業の質を変えなければならない。それには本文で述べたように、太陽光発電、太陽熱、バイオマスエネルギー、雨水の利用、間伐、植林などの事業により、雇用を確保する方向に転換することではないか。政府開発援助（ODA）についても、森林伐採をしなければならないダムや道路の建設だけでなく、植林活動にもその多くを配分することが大切だ。

二酸化炭素排出による地球温暖化は、主に先進国によることは否定できない。しかし中国、インドなどは、排出量の大幅削減を先進国に押しつけ、自国の経済成長を続けていいのだろうか。すべての国が温暖化による影響を受けるのである。自国だけ生き残ることはできないのだ。

かつて、新潟県長岡市の市民団体から講演を依頼された。担当者と事前に打ち合わせをしたときに、「長岡市は海に面してないが、私の話は海が中心になります。それでもいいですか」と問うた。担当者は「長岡市を流れている信濃川は、新潟市の海に注いでいる。新潟市がその恩恵を受ければ、回りまわって長岡市も恩恵を受ける」と言った。立派な考えをされていると感心したが、その後、米百俵の話を知った。

戊辰戦争で長岡の城下町は焼け野原になり、支藩から米百俵が援助された。しかし、のどから手が出るほど必要とした貴重な米ではあったが、当時長岡藩の大参事であった小林虎三郎はこれを売却し、その資金を教育につぎ込んだ。教育は目先の利益にはならないが、いつか米百俵以上の成果となって戻ってくる、と考えたのだ。その思想は、形を変えて脈々と長岡市民に受け継がれているのだと思った。

当たり前のようだが、人間は一人では生きていけない。同様に、国も地域も単独で生き残ることはできない時代だ。地球温暖化の問題であれば、先進国と途上国は対立することなく手を組まなければならない。水産資源を含む海の生態系について言えば、海に面した地域だけでなく、内陸部である山や森林、河川流域の環境も重要だ。漁業だけでなく、林業や農業に携わる人々も等しく関わっていかなければならない問題なのである。そして、私たち個人個人がそういった社会認識を持つことが重要だ。

誰でも一度は、人間はなぜ生まれ、なぜ生きているのかを自問したことがあると思う。しかし、その答えを得ることは難しい。私も長年自問してきたが、作家の瀬戸内寂聴さんが「人間は人に役立つために生きている」と言われた。これが求めてきた答えであった。世界中の人々がこうした考えを持てば、この地球は永遠に生き物の楽園として残るだろう。

最後に、本書の出版にあたって講談社ブルーバックス出版部の篠木和久氏にお世話になった。記してお礼を申し上げたい。

関連・参考図書

林野庁『森林・林業白書』日本林業協会　二〇一五
水産庁『水産白書』農林統計協会　二〇一五
農林水産庁『食料・農業・農村白書』農林統計協会　二〇一五
環境省『環境白書』日経印刷　二〇一五
多田隆治『気候変動を理学する』みすず書房　二〇一三
西岡秀三・宮崎忠國・村野健太郎『地球環境がわかる』技術評論社　二〇〇九
エアハルト・ヘニッヒ（中村英司訳）『生きている土壌』日本有機農業研究会　二〇〇九
上林俊樹『縄文遺跡ガイド』インテリジェント・リンク　二〇〇八
小橋川共男『こんにちは泡瀬干潟』泡瀬干潟を守る連絡会　二〇〇八
横山裕道『地球温暖化と気候変動』七つ森書館　二〇〇七
アル・ゴア（枝廣淳子訳）『不都合な真実』ランダムハウス講談社　二〇〇七
大熊　孝『洪水と治水の河川史』平凡社ライブラリー　二〇〇七
筑波君枝『最新　農業の動向とカラクリがよ〜くわかる本』秀和システム　二〇〇六

天野礼子『だめダムが水害をつくる!?』講談社+α新書　二〇〇五
野村　崇・宇田川　洋編『擦文・アイヌ文化』北海道新聞社　二〇〇四
福留脩文『近自然の歩み』信山社サイテック　二〇〇四
加藤定彦『樽とオークに魅せられて』ティービーエス・ブリタニカ　二〇〇〇
佐藤正典編『有明海の生きものたち』海游舎　二〇〇〇
上林好之『日本の川を甦らせた技師デ・レイケ』草思社　一九九九
土木学会関西支部編『川のなんでも小事典』講談社ブルーバックス　一九九八
ロドニー・バーカー（渡辺政隆・大木奈保子訳）『川が死で満ちるとき』草思社　一九九八
中村武久・中須賀常雄『マングローブ入門』めこん　一九九八
西村雅吉『環境化学　改訂版』裳華房　一九九八
高橋勇夫『アユは生き残るか——知られざる半生と資源保護』矢作川研究No.1　一九九七
田中俊逸・竹内浩士『地球の大気と環境』三共出版　一九九七
五十嵐敬喜・小川明雄『公共事業をどうするか』岩波書店　一九九七
松永勝彦・久万健志・鈴木祥広『海と海洋汚染』三共出版　一九九六
彼谷邦光『環境のなかの毒』裳華房　一九九五

畠山重篤『森は海の恋人』北斗出版　一九九四
森　啓『サンゴ　ふしぎな海の動物』築地書館　一九八九
太田安雄『色彩と眼の疲労』眼科Ｍｏｏｋ23　金原出版　一九八五
新崎盛敏・新崎輝子『海藻のはなし』東海大学出版会　一九七八
農林水産省／農林水産基本データ集（http://www.maff.go.jp）
ＩＰＣＣ（http://www.ipcc.ch/）
ＮＯＡＡ（http://www.noaa.gov/）
ＮＣＡＲ（http://www.ncar.ucar.edu/）
ＷＧＭＳ（http://www.geo.unizh.ch/wgms/）
ＷＧＭＳ（http://www.wgms.ch）
Global Carbon Budget（http://www.globalcarbonproject.org）

〈さ行〉

さくいん

N.D.C.468　188p　18cm

ブルーバックス　B-1670

森《もり》が消《き》えれば海《うみ》も死《し》ぬ　第《だい》2版《はん》

陸と海を結ぶ生態学

2010年2月20日　第1刷発行
2025年1月14日　第7刷発行

著者　松永勝彦《まつながかつひこ》
発行者　篠木和久
発行所　株式会社講談社
〒112-8001 東京都文京区音羽2-12-21
電話　出版　03-5395-3524
販売　03-5395-5817
業務　03-5395-3615
印刷所　（本文表紙印刷）株式会社ＫＰＳプロダクツ
（カバー印刷）信毎書籍印刷株式会社
本文データ制作　講談社デジタル製作
製本所　株式会社ＫＰＳプロダクツ

定価はカバーに表示してあります。

ISBN978-4-06-257670-3

発刊のことば

科学をあなたのポケットに

二十世紀最大の特色は、それが科学時代であるということです。科学は日に日に進歩を続け、止まるところを知りません。ひと昔前の夢物語もどんどん現実化しており、今やわれわれの生活のすべてが、科学によってゆり動かされているといっても過言ではないでしょう。

そのような背景を考えれば、学者や学生はもちろん、産業人も、セールスマンも、ジャーナリストも、家庭の主婦も、みんなが科学を知らなければ、時代の流れに逆らうことになるでしょう。

ブルーバックス発刊の意義と必然性はそこにあります。このシリーズは、読む人に科学的に物を考える習慣と、科学的に物を見る目を養っていただくことを最大の目標にしています。そのためには、単に原理や法則の解説に終始するのではなくて、政治や経済など、社会科学や人文科学にも関連させて、広い視野から問題を追究していきます。科学はむずかしいという先入観を改める表現と構成、それも類書にないブルーバックスの特色であると信じます。

一九六三年九月

野間省一

ブルーバックス　生物学関係書（I）

1073 へんな虫はすごい虫　安富和男
1176 考える血管　児玉龍彦／浜窪隆雄
1341 食べ物としての動物たち　伊藤　宏
1391 ミトコンドリア・ミステリー　林　純一
1410 新しい発生生物学　木下　圭／浅島　誠
1427 筋肉はふしぎ　杉　晴夫
1439 味のなんでも小事典　日本味と匂学会＝編
1472 DNA（上）　ジェームス・D・ワトソン／アンドリュー・ベリー　青木　薫＝訳
1473 DNA（下）　ジェームス・D・ワトソン／アンドリュー・ベリー　青木　薫＝訳
1474 クイズ　植物入門　田中　修
1507 新しい高校生物の教科書　栃内　新　左巻健男＝編著
1528 新・細胞を読む　山科正平
1537 「退化」の進化学　犬塚則久
1538 進化しすぎた脳　池谷裕二
1565 これでナットク！　植物の謎　日本植物生理学会＝編
1592 発展コラム式　中学理科の教科書　第2分野（生物・地球・宇宙）　石渡正志　滝川洋二＝編
1612 光合成とはなにか　園池公毅
1626 進化から見た病気　栃内　新
1637 分子進化のほぼ中立説　太田朋子
1647 インフルエンザ　パンデミック　河岡義裕／堀本研子
1662 老化はなぜ進むのか　近藤祥司
1670 森が消えれば海も死ぬ　第2版　松永勝彦
1681 マンガ　統計学入門　アイリーン・マグネロ＝文　ボリン・V・ルーン＝絵　神永正博＝監訳　井口耕二＝訳
1712 図解　感覚器の進化　岩堀修明
1725 魚の行動習性を利用する釣り入門　川村軍蔵
1727 iPS細胞とはなにか　朝日新聞大阪本社　科学医療グループ
1730 たんぱく質入門　武村政春
1792 二重らせん　ジェームス・D・ワトソン　江上不二夫／中村桂子＝訳
1800 ゲノムが語る生命像　本庶　佑
1801 新しいウイルス入門　武村政春
1821 これでナットク！　植物の謎Part2　日本植物生理学会＝編
1829 エピゲノムと生命　太田邦史
1842 記憶のしくみ（上）　ラリー・R・スクワイア　エリック・R・カンデル　小西史朗／桐野　豊＝監修
1843 記憶のしくみ（下）　ラリー・R・スクワイア　エリック・R・カンデル　小西史朗／桐野　豊＝監修
1844 死なないやつら　長沼　毅
1849 分子からみた生物進化　宮田　隆
1853 図解　内臓の進化　岩堀修明